Ralf Reinmuth/Gerald Wirag

Modellbahn-Basteleien 2

Kleine Details mit großer Wirkung

transpress

Einbandgestaltung: Sven Rauert

ISBN 978-3-613-71777-0 (unveränderter Nachdruck der 2002 unter der
ISBN 978-3-613-71136-5 erschienenen 1. Auflage)

1. Auflage 2025

Sie finden uns im Internet unter www.transpress-verlag.de

Druck und Bindung: HUNTER Books GmbH, 63184 Mainaschaff
Printed in Germany

Vorwort

Wir haben...

...mit dem vorliegenden Band unser zweites Buch zum Thema Modelleisenbahn verfasst. Dennoch betrachten wir uns nicht als Profis, sondern als Hobbymodellbahner, die sich hiermit anderen mitteilen. Auch wenn die Arbeit an diesem Buch viel Zeit und Aufwand erforderte, so haben wir dennoch den Spaß an unserem Hobby nicht verloren. Noch immer freuen wir uns wie kleine Kinder, wenn eine Bastelarbeit gelingt oder am Bahnhof ein außergewöhnlicher Zug ankommt. Außerdem genießen wir es, wenn wir auf unseren eigenen Eisenbahnanlagen die fahrenden Züge sehen oder mit unserer N-Modulanlage auf Reisen gehen. Ein Hauptantrieb an unserem Hobby ist der Spaß, denn er verschafft uns Entspannung und einen Ausgleich zum Alltag.

Am Anfang...

...unseres schriftstellerischen Tuns stand die Idee, mit wenig Aufwand und geringen Kosten kleine Details aus dem wirklichen Leben in die Miniaturwelt einzubringen. Mit dem ersten Band unserer Modellbahn-Basteleien wollten wir keine Anleitungen für den detailversessenen Nachbau vermitteln, sondern lediglich unsere Hobbykollegen ermutigen, mit offeneren Augen durch die Welt zu gehen und auch scheinbare Kleinigkeiten wahrzunehmen.

Aus vielen persönlichen Rückmeldungen haben wir erfahren, dass dieses Ziel erreicht wurde. Einige unserer Leser berichteten uns sogar über ihre eigenen Beobachtungen und deren Umsetzung. Unser zweites Anliegen fiel ebenfalls auf fruchtbaren Boden, denn viele Modellbahner bauten unsere Ideen nicht nur nach, sondern ergänzten sie durch eigene Einfälle. Dabei setzte jeder von ihnen seine persönlichen Fähigkeiten ein und schuf auf diese Weise etwas Einmaliges für seine Modellbahnanlage.

Auch die Meinungen seitens der Modellbahnindustrie waren sehr positiv. Ihre Vertreter betrachten uns nicht als Konkurrenz, die den Umsatz schmälert, sondern als Partner, der den Spaß am Hobby in Zeiten knapper Kassen vergrößert.

Die positive Resonanz...

...ermutigte uns, ein weiteres Buch mit Basteleien für die Modellbahn vorzulegen. Seit dem Erscheinen des ersten Bandes waren wir wieder viel unterwegs. Wir fuhren mit der großen Bahn oder besuchten interessante Bahnhöfe. Stets hielten wir die Augen nach neuen Ideen offen. Bei Spaziergängen oder Autofahrten wurde des Öfteren angehalten, um die Kamera zu zücken und das Maßband herauszuholen. Auch bei Modellbahnerveranstaltungen wie z.B. FREMO- oder Arge Spur O-Treffen erhielten wir in Gesprächen mit anderen Eisenbahnfreunden viele neue Anregungen. Zahlreiche dieser Ideen haben wir in dem vorliegenden Werk aufgeführt und teilweise nachgebaut. Dennoch wollen wir wiederum keine gewöhnlichen Bauanleitungen präsentieren, sondern nur den Blick auf Kleinigkeiten lenken, die im Modell zu wahren Kleinoden oder Blickfängen werden. Weil diese Details sehr interessant sind, begleiten wir sie wie im ersten Band als Miniaturmenschen durch die Modellbilder.

Wir danken...

...all denen, die unser erstes Buch gelesen haben und uns auf diese Weise zu einem zweiten Teil ermutigten. Über die positiven Rückmeldungen und die konstruktive Kritik haben wir uns sehr gefreut. Außerdem bedanken wir uns bei den Firmen Asoa, Kibri, Noch, Preiser, Roco, Truck Line Decals und Viessmann für ihre freundliche Unterstützung. Ihre hervorragenden Modelle und Zubehörteile setzten so manches unserer nachgebauten Details erst so richtig in Szene. Nicht zuletzt geht ein großes Dankeschön an unsere besseren Hälften, die mit viel Verständnis unsere ständige Abwesenheit und rege Betriebsamkeit während der Schreibphase erduldeten und uns immer wieder motivierten.

Inhalt

4. Hinterm Bahnhof

5. Durch die Wälder, durch die Auen

Anhang

1. »KWF« – Kohle, Wasser, Feuer

Im Bahnbetriebswerk

Die Eisenbahn benötigt nicht nur Schienen, Bahnhöfe und Fahrzeuge für einen reibungslosen Betrieb, sondern auch Anlagen, in denen die Schienenfahrzeuge gewartet und auf den nächsten Einsatz vorbereitet werden. Bis vor wenigen Jahren übernahmen Bahnbetriebswerke (Bw) diese Aufgaben, mittlerweile teilen sich bei der Deutschen Bahn AG diese Arbeit Betriebshöfe und Werke. Der Zweck dieser Anlagen blieb jedoch weitgehend gleich.[1]

Im Lauf der Jahrzehnte wandelte sich das Aussehen des Bw deutlich. Bis in die 60er-Jahre – also dem Ende der Epoche 3 bei der Modellbahn – war die Dampflok noch weit verbreitet. Diese Traktionsart erforderte umfangreiche Behandlungsanlagen, denn die Maschinen benötigten Kohle und Wasser, mitunter auch Sand. Außerdem musste das Feuer behandelt werden, dazu gehörte die Reinigung der Rauchkammer sowie das Säubern des Rostes von den Verbrennungsrückständen, entschlacken genannt. Im Dienstplan verbargen sich alle diese Tätigkeiten hinter dem Kürzel »KWF« – Kohle, Wasser, Feuer.

In speziellen Untersuchungsgruben zwischen den Gleisen konnten die Lokomotiven

1 Nähere Informationen zum Bw finden sich in: Jan Reiners, So funktioniert das Bahnbetriebswerk, Stuttgart 2006; sowie in: Günter Fechner/Hermann Gose/Hans Werner Stroesner, Die Bahnbetriebswerke und ihre technischen Anlagen, Stuttgart 2008.

TTWALD
Plasser & Theurer

auch von unten abgeölt und auf schadhafte Stellen untersucht werden. Ein typisches Relikt der Dampflokära ist die Drehscheibe, auf der die Maschinen gewendet wurden, damit sie beim nächsten Einsatz mit der Esse voran – d.h. Rauchkammer voraus – fahren konnten. Hintergrund war, dass die meisten Schlepptenderloks vorwärts schneller fuhren als rückwärts. Außerdem war die Drehscheibe notwendig, um die Lokomotiven im Lokschuppen abzustellen.

Aufgrund dieser vielen Arbeiten dehnte sich das Dampf-Bw oft über ein großes Gelände aus. Außerdem waren seine Bauwerke für jeden schon von weitem sichtbar. Im Vergleich dazu fielen die Bw für Diesel- und Elektrotraktion der letzten Jahrzehnte kleiner und bescheidener aus. Die zeit- und arbeitsaufwändigen Arbeitsgänge sind bei den modernen Antriebstypen auf ein Minimum reduziert. Daher benötigt eine Elektrolokomotive neben dem meist aus früheren Zeiten vorhandenen Lokschuppen lediglich Sand und Untersuchungsgruben, während eine Diesellok zusätzlich noch eine Tankstelle braucht.

Doch beim Besuch eines Betriebshofes kommt oft das Gefühl auf, die Zeit sei stehen geblieben. Auf Abstellgleisen warten Hilfszüge auf ihren nächsten Einsatz oder ausgemusterte Fahrzeuge rosten vor sich hin. Aber auch Ansammlungen von Ersatzteilen, Schrottberge und Überreste ehemaliger Dampflokbehandlungsanlagen trifft man in Zeiten der Bahn AG an.

Das Bw erfreut sich bei den Modellbahnern als Anlagenthema großer Beliebtheit, denn es ermöglicht mit seinen zahlreichen Arbeitsabläufen viel Betrieb, bei dem die eigene Fahrzeugsammlung eingesetzt werden kann. Die Modellbahnindustrie unterstützt dabei den Miniaturbauer mit Modellen von Lokschuppen, Wassertürmen und vielem mehr. Damit ist in fast jeder Spurweite die Nachbildung von einem kleinen oder großen Bw möglich. Die Qualität der Bausätze ist dabei so gut und vielfältig, dass wenig Wünsche offen bleiben.

Daher beschreiben wir hier auch nicht den aufwändigen Selbstbau von Bekohlungskränen oder Drehscheiben, sondern zeigen die interessanten Details eines Bw auf. Diese Kleinigkeiten lassen sich oft genug mit wenig Kosten und Zeiteinsatz im Modell nachbauen. Selbstverständlich sind dies nur einige Beispiele, aber bei einem persönlichen Bw-Besuch entdeckt jeder Modellbahner sicherlich vieles mehr, das den Nachbau lohnt.

1.1 Schlacke und Untersuchungsgruben

Das Vorbild

Schlacke- und Untersuchungsgruben sind wichtige Bestandteile eines jeden Bw. Im Grundauf-

Die Sicht aus der Grube bietet eine andere Perspektive auf die Dampflok der Baureihe 01. Aber auch Diesel- und E-Loks müssen in regelmäßigen Abständen auf diese oder ähnliche Gruben, denn sie müssen alle gewartet werden.

Ein Bild aus dem Alltag im Modellbetrieb: Schwere Dampfloks auf der Grube.

bau sind beide Gruben gleich: Zwischen den Schienen verläuft in geeigneter Tiefe ein längerer Schacht. Die Gleise ruhen häufig auf einem betonierten oder aus Ziegeln gemauerten Sockel, sie können aber auch auf einem soliden Eisenträger laufen, wenn z.B. ein Verbindungsgang zwischen zwei Gruben vorhanden ist. Eine Untersuchungsgrube ermöglicht ein einfaches Arbeiten an der Unterseite der Lokomotiven. Dagegen nimmt eine Schlackegrube die Rückstände auf, die im Aschkasten unter der Feuerbüchse zurückbleiben, wenn die Kohle verbrannt ist.

Viele Schlackegruben sind einfach gehalten. Hier wird die Schlacke von Hand mit Schaufel, Handkran und kleinem Hunt entsorgt. In größeren Bw liegen die Gruben nebeneinander, so dass sie mit Hunten und einem Brückenkran geleert werden können. Zum Abtransport der Schlacke liegt neben dem Grubengleis noch ein weiteres Gleis für die Schlackewagen.

Untersuchungsgruben gibt es in jedem Lokschuppen, manchmal liegen sie auch im Freien, ein Umstand der es dem Modellbahner ermöglicht, eine gut sichtbare Grube nachzubilden. Sie dienen der Funktionskontrolle der Bremse und aller von unten erreichbaren Teile sowie zum Abschmieren diverser Schmierstellen. Außerdem erleichtern sie das Bremssohlenwechseln erheblich.

Für den Nachbau eignen sich vor allem zwei Bauformen von Untersuchungsgruben. Die kleinere Bauart ist 80 cm tief und für einfache Wartungsarbeiten gedacht, die größere Grube dient zur Reparatur und ist im Vergleich zur ersten Grube aufwändig ausgestattet. So besitzt der Boden der 120 cm tiefen Grube seitlich einen schmalen Abfluss-Schacht für Wasser und Öl. In der gesamten Länge ist die Grube am Rand mit vier Reihen Ziegeln ausgemauert, die es dem Schlosser erleichtern, an höher gelegene Teile zu gelangen. Eine seitlich in den Wänden eingebaute Beleuchtung sorgt für die notwendige Helligkeit. Alle Gruben besitzen an den Stirnenden jeweils eine Treppe und sind einheitlich 100 cm breit.

Das Schnittmodell einer großen Grube verdeutlicht den Aufbau. Die fertig gestellte Grube darf gerne deutliche Dreckspuren der täglichen Arbeit tragen.

Modellbahner, die sich intensiver mit dieser Materie beschäftigen, werden noch zahlreiche Sonderbauformen entdecken, wie z.B. Gruben mit Achssenken zum Ausachsen von Radsätzen.

Der Nachbau im Modell

Zunächst legt man die Grubenlänge fest, die sich wiederum nach der Länge der Lokomotiven richtet.[2] Zusätzlich muss an den Grubenenden noch Raum für die Treppen bleiben (vgl. S. 185, optional). Nun wird das Außenmaß in der Breite der Grube (Schwellenlänge) sowie das Längenmaß auf die Anlagengrundplatte übertragen und ausgesägt. Sollte zum Sägen kein Platz sein, kann man das Grubenloch auch ausbohren und eben feilen. Im Bereich der Grube wird das Gleis vorsichtig von den Schwellen befreit und anschließend eingebaut.

[2] Die hier vorgestellten Modellgruben entstanden im Maßstab 1:87.

Die eigentliche Grube entsteht anhand der Maße in der Zeichnung. Als Ausgangsmaterial dient Sperrholz. Je nach Bauform der Grube, z.B. mit einem 2 x 1,5 mm Doppel-T-Träger oder direkt aufliegenden Schienen, wird die Höhe bestimmt. Die Breite des Sperrholzrohbaues hängt von dem gewählten Mauerwerk ab. Betonierte Gruben sind im Maß nicht zu verändern, sie werden einfach verspachtelt und geschliffen. Für gemauerte Gruben verwendet man am besten einen ummantelten Sperrholzkern. Deshalb muss die Plattendichte vom Sperrholzkasten abgezogen werden.

Zweileiter-Gleichstromfahrer haben hier gegenüber den Mittelleiterbahnern einen deutlichen Vorteil. Aber auch die Letzteren können eine befahrbare Grube unter Verwendung von stabilem 1,5–2 mm starken Kupferdraht als Mittenkontakt nachbilden. Auf die passende Länge geschnitten, wird er einfach durch Bohrlöcher am Grubenboden gesteckt und eingeklebt. Wichtig ist, dass die obere Kante, die am Skischleifer anliegt, sorgfältig entgratet und abgerundet wurde. Unterhalb der Anlagenplatte

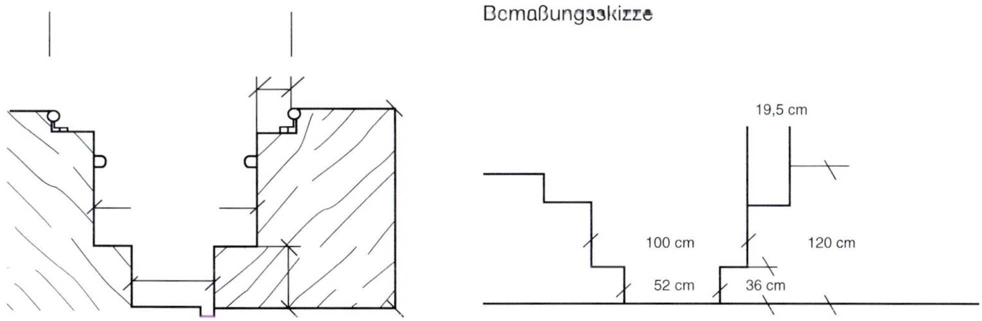

Von dieser Zeichnung lassen sich die Maße der Modellgrube abgreifen; der Maßstab beträgt 1:43,5 (Nenngröße 0).

werden alle »Stabkontakte« verlötet und angeschlossen.

Bei der Ausgestaltung der Untersuchungsgrube sind Ziegelnachbildungen aus Kunststoffplatten die beste Wahl, da sie die notwendige Alterung erleichtern. Die Auftritte an den unteren Grubenseiten werden aus Balsaholz gefertigt und gegebenenfalls ebenfalls ummantelt. Für die Treppenabgänge, die erst nachträglich eingeklebt werden (vgl. S. 185), verwendet man Balsaholz. Die Untersuchungsgrube erhält nun Neonröhrenattrappen aus weißen Kabelisolierungen. Je nach Grubenlänge genügen sechs bis acht Lampen je Seite. Die Grube wird abschließend in Weiß mit einem geringen Grauanteil lackiert und ölig verschmutzt.

Zur Feindetaillierung der Gruben ohne Träger können jetzt noch Schienenfüße von Weinert unter die Schienen geklebt werden oder, nach dem Befestigen der Schiene, können selbst geschnittene halbe Füße aus 0,5 mm Kunststoff der Größe 2 x 2 mm an der Innenseite der Schiene an der Grube befestigt werden. Der Abstand der Schienenfüße zueinander sollte acht mm betragen. Nun kann die Grube von unten eingesetzt und mit sehr wenig Universalkleber an der Schiene befestigt werden. Ein Stützbrett an der Unterseite der Anlagengrundplatte stabilisiert das Ganze zusätzlich. An die Außenkante des Gleises wird eine Imitation des Hallenbodens aus gefärbtem Gipsbrei gespachtelt, so dass der Schienenkopf noch ein wenig übersteht und eine einwandfreie Funktion der Lokomotiven gewährleistet ist.

Dagegen wird die Schlackegrube ohne Zusatzausmauerung an den Seiten sowie angedeuteter Lampen fertig gestellt. Sie sollte dunkelgrau lackiert und dunkel gealtert werden. Die Schlacke entsteht aus verschiedenfarbigem, feinen Streumaterial, das zu einem grauen Farbton gemischt und in kleinen Haufen auf dem Schlackenboden befestigt wird.

Die Schlackegrube wird entsprechend der Untersuchungsgrube eingebaut. Das Gleis sollte an der Außenseite bis knapp unter die Schienenkante mit dreckigem Öl und rußverschmutztem Sand aufgefüllt sein, um den Arbeitern die Verrichtung ihrer Tätigkeit zu erleichtern. Ausgestaltungsgegenstände wie Wasserkran, Schlackenhunt, Kran und Modellarbeiter mit Schaufel sollten zum Abschluss nicht vergessen werden.

1.2 Rohrblasgerüst

Das Vorbild

Bei einer Dampflok müssen in regelmäßigen Abständen die Kesselrohre mit Druckluft ausgeblasen werden. Diese Arbeit nimmt einige Zeit in Anspruch. Sie kann daher nicht in den normalen Behandlungsablauf integriert werden, sondern findet auf speziellen Gleisen statt. Diese Gestelle haben keine einheitliche Bauweise, denn meist entstanden sie in der Werk-

Im Text nicht beschrieben: Die Drahtbiegungen lassen sich am besten im Bild betrachten. Das fahrbare Rohrblasgerüst auf der Abbildung ist allerdings noch nicht fertig, denn es muss noch farblich behandelt werden.

statt des Bw. Oft sind sie direkt am Gleisende hinter dem Prellbock am Boden montiert und ragen über den Prellbock bis zur Rauchkammertür der Lokomotive. Manchmal gibt es aber auch fahrbare Rohrblasgerüste, die ähnlich konstruiert sind, aber auf Rädern stehen, so dass sie zur Dampflok geschoben werden können. Von diesem Gerüst aus bläst ein Arbeiter durch die geöffnete Rauchkammertür die Kesselrohre mit Hilfe einer Rohrlanze, die an Druckluft angeschlossen ist, aus.

Der Nachbau im Modell

Der Nachbau für das heimische Bw ist eine einfache Fingerübung für Lötspezialisten, aber auch Anfänger in Sachen Löten können hier – bei geringen Materialkosten – erste Erfahrungen sammeln. Eine genaue Beschreibung der Lötvorgänge und Biegungen führte an dieser Stelle zu weit, aber aus der obigen Abbildung eines fahrbaren Rohrblasgerüstes in Spurweite N lässt sich einiges abschauen.

Beim Nachbau wird zunächst das Gestänge aus dünnem Messingdraht bei mittlerer Löttemperatur zusammengelötet. Danach verankert man die senkrechten Stützstreben direkt hinter dem Prellbock im Schotterbett. Die Höhe der Arbeitsebene sollte direkt über den Prellbock hinweg gehen, außerdem muss genügend Platz für einen Arbeiter sein. Damit wäre die Gesamthöhe des Gerüstes ermittelt. An den Aufstiegen in Form von Leitern oder Treppen und entlang der Arbeitsebene werden außerdem Geländer aus Draht angelötet. An der obersten Querstange wird ein gerades Stück Draht, das schräg herunterhängt, als Nachbildung der Rohrlanze befestigt. Die eigentliche Arbeitsebene entsteht aus Holzfurnier.

Der Nachbau der fahrbaren Variante erfolgt in der gleichen Weise, jedoch werden die

Gerüstdrähte nicht im Boden verankert, sondern auf ein aus Messingprofilen erstelltes rechteckiges Fahrgestell aufgelötet. Die kleinen Räder, am besten in einer kleineren Nenngröße, werden außen an das Fahrgestell angelötet oder geklebt. Zwar ist das Rohrblasgerüst somit nicht fahrbar, aber das ist nicht schlimm, denn aufgrund der vielen nicht isolierten Metallteile würden dabei nur Kurzschlüsse entstehen. Daher steht es besser auf einem stromlosen Gleisabschnitt.

Zum Schluss erhält das Gerüst noch einen Anstrich in den Farbtönen Schwarz und Rostrot. Außerdem bekommt die Rohrlanze ein graues Kabel als Nachbildung des Druckluftschlauchs.

1.3 Kohlebansen

Das Vorbild

Kohle war seit dem 19. Jahrhundert in zweierlei Hinsicht wichtig für die Eisenbahn: als Transportgut und als Brennstoff. Dampflokomotiven verbrauchten große Mengen des »schwarzen Goldes«. Große Lagerstätten – die so genannten Kohlebansen – sorgten in den Bw für erheblichen Lade- und Umschlagverkehr. Aber auch Kohlenhändler besaßen einen solchen Bansen – ein Grund mehr, sich des Nachbaues dieser einfachen Bauten anzunehmen.

Die hier beschriebene Bauform findet man quer durch alle Epochen und kann sie relativ einfach nachbauen. Außerdem lässt sich dieser Kohlebansen leicht den gegebenen Örtlichkeiten anpassen und eignet sich hervorragend zum Füllen größerer Freiflächen im Bw oder im Industriegebiet. Der grundlegende Aufbau ist immer gleich: Standpfosten aus L-Profilen an den Enden einer Bansenwand und Doppel-T-Profilen dazwischen bilden das Grundgerüst. In die Öffnungen dieses Grundgerüstes werden nun waagerechte Bretter gesetzt und bilden so eine in der Höhe variable Wand. Von dieser Wand können zur Unterteilung in einzelne Kammern im rechten Winkel Wände ausgehen, z.B. um unterschiedliche Kohlesorten zu lagern. Der Transport der Kohle innerhalb des Bansens kann mit einer kleinen Lorenbahn oder, einfacher darzustellen, mit einem mobilen Bagger erfolgen. Die Größenangabe dieser variablen Bauten beschränkt sich auf ein maximales Maß, welches in der Höhe der Kammern vier Meter und in der größten Länge drei Meter zwischen den Standpfosten beträgt. Letztere können beliebig lang aneinander gereiht werden.

Unser Bastelteam unternimmt eine kleine Zeitreise in die Epoche 3: Am Kohlebansen belädt ein Fuchsbagger eine Maschine der Baureihe 93.

Ist der Bagger anderweitig beschäftigt oder hat der schaufelnde Modellbahner etwas ausgefressen?

Der Nachbau im Modell

Für diesen Kohlenbansen benötigt man nur wenige verschiedene Baumaterialien: Standpfosten aus Kunststoff oder Messingprofile der Ausführung Doppel-T 2 x 1,5 mm und L-Profil 1,5 x 1,5 mm[3] sowie Bretter aus zurechtgeschnittenem Limbafurnier aus der Schreinerei in der Größe 0,5 x 3 mm. Die umgerechneten Maximallängen, die allerdings nicht bindend sind, sondern nur die optische Wirkung unterstützen, betragen in der Höhe des Bansens 45 mm und in der Länge zwischen zwei Pfosten 34 mm.

Der Aufbau ist einfach und schnell ausgeführt. Begonnen wird mit der Einzeichnung der Umrisse des Bansens auf dem Grundbrett. Die Außenform des Bansens orientiert sich an den Gegebenheiten der Anlage und muss keinesfalls rechtwinklig sein. Nun werden an den Eckpunkten 1,5 mm Bohrungen gesetzt, die die L-Profile aufnehmen. Im gleichmäßigem Abstand zwischen zwei Eckpunkten werden nun beliebig viele Mittelstreben in 2 mm Bohrungen gesetzt, so dass die passend zugeschnittenen Bretterfurniere hinein gesteckt werden können, was aufgrund des Doppel-T-Profils einfach und vorbildgetreu ist.

Alle Unterteilungen im rechten Winkel zur Wand werden stumpf an einem der Mittelpfosten begonnen und mit einem Pfosten aus einem Doppel-T-Profil fortgesetzt. So lassen sich beliebig viele einzelne Kammern im Bansen schaffen. Die Pfosten werden dunkelgrau lackiert, die eingesteckten oder eingeklebten Bretter erhalten mittels einer Holzbeize oder verdünnter Wasserfarbe ein schmutzig-verwittertes Aussehen. Lange Grasfasern hier und da, ein paar Büsche am Rand und einige Arbeiter vervollkommnen das Werk.

1.4 Der Rand

Das Vorbild

Im Bw gibt es spezielle Gleise, auf denen nicht benötigte Lokomotiven oder Wagen abgestellt sind – der so genannte Rand. Da die Fahrzeuge hier meist schon längere Zeit stehen, sind sie von den Witterungseinflüssen sichtbar gezeichnet: Der Lack ist ausgeblichen, die Farbe blättert ab und der Rost hinterlässt seine Spuren. Häufig sind auch Sonderkonstruktionen wie Draisinen oder Schneepflüge hier zu sehen oder ausgebrannte Waggons und ehemalige Arbeitswagen. Oft sind dabei verschiedene Bauteile ab-

3 Der hier beschriebene Kohlebansen wurde in der Nenngröße H0 gebaut

Schon lange Zeit hat man einen Schienen-LKW und einen Lokomotivtender aus dem Betrieb genommen und auf einem Stumpfgleis abgestellt. Unterdessen hat die Natur mittels Kletterpflanzen und Gestrüpp von den Fahrzeugen Besitz ergriffen.

montiert, denn diese ausgemusterten Fahrzeuge dienen mitunter noch als Ersatzteilspender.

Wenn die Schienenfahrzeuge länger auf dem Rand stehen, erobert die Natur das ganze Gleis zurück, zwischen den Schienen wachsen Gras und Büsche und Kletterpflanzen ranken sich um die Fahrzeuge. Solche Abstellgleise sind für den Eisenbahnfreund eine wahre Fundgrube an Gestaltungsideen, allerdings nicht ohne einige wehmütige Gedanken an die Zeiten, als diese Fahrzeuge noch in Betrieb waren.

Der Nachbau im Modell

Der Rand eines Bw bildet einen abwechslungsreichen Blickfang auf der Anlage. Die Gestaltung ist dabei kostengünstiger, als es auf den ersten Blick aussieht, denn selbstverständlich werden keine neuen Fahrzeuge verwendet. Zuerst erhält die eingebaute Drehscheibe oder Schiebebühne einen weiteren Gleisanschluss, doch weil auf diesem Gleis kein Betrieb stattfinden wird, benötigt es keinen elektrischen Anschluss oder eine Bühnenrastung. Alternativ dazu kann mit dem Einbau einer defekten Weiche aus der Bastelkiste in die Anlage oder einer Gleisverlängerung ebenfalls ein totes Abstellgleis gebaut werden.

Nachdem das Gleis vorbildlich lackiert und eingeschottert ist, werden aus der Bastelkiste defekte Wagen und Lokomotiven gesucht und mit rostigen und schwarzen Farbtönen stark gealtert. Anschließend werden die Fahrzeuge auf die Schienen geklebt und zum Schluss fehlende Drehgestelle und Achsen mit Büschen kaschiert oder das ganze Gleis begrünt. Auch für antriebslose Rottenkraftwagen oder Schienenlastwagen, die es von einigen Kleinserienherstellern gibt, eignen sich diese stromlosen Gleise gut, denn da sie oft aus Metallguss bestehen, leiten sie den Strom und würden Kurzschlüsse verursachen. Wenn die Bastelkiste während des Baus nicht ausreichend Fahrmaterial für das Gleis hergibt, müssen deswegen keine Fahrzeuge geopfert werden, denn es kann auch im Lauf der Zeit bestückt werden.

1.5 Achsengleis

Das Vorbild

Zu den Aufgaben eines Bw gehören auch kleinere Reparaturen, wie z.B. der Ausbau defekter Achsen an Lokomotiven oder Wagen. Allerdings hat eine einzelne Achse immer noch ein beträchtliches Gewicht und ist außerdem zu sperrig, um sie einfach in ein Regal zu stellen. Oft werden daher die Achsen auf Spezialwagen verladen oder über die vorhandenen Schienen auf ein Abstellgleis direkt an der Drehscheibe oder Schiebebühne gerollt. Damit der kostbare Platz möglichst effektiv genutzt wird, ist an Schiebebühnen oft dieses Achsengleis vierschienig gebaut. Dabei werden zwei normale Gleise versetzt ineinander gebaut, so dass zwischen den beiden Profilen eines Gleises ein Profil des anderen Paares liegt. Die ausgebauten Achsen werden mit der Schiebebühne abwechselnd auf die beiden Gleise verteilt, auf diese Weise wechseln sich in der Mitte immer eine Achse und ein Rad ab und der Platz ist optimal genutzt.

Der Nachbau im Modell

Selten wird im Modell-Bw ein Achsengleis dargestellt, dabei ist die Umsetzung mit wenig Aufwand auch nachträglich zu bewerkstelligen. Zuerst wählt man einen geeigneten Standort an der Schiebebühne oder der Drehscheibe aus, der weder eine elektrische Verbindung noch eine Rastung zur Bühne besitzen muss. Anschließend wird ein kurzes Stück Gleis im rechten Winkel zur Kante der Grube fixiert und ein zweites Gleis auf die gleiche Länge zugesägt. Bei Letzterem werden die Schwellen zwischen den Schienenprofilen auf einer Seite direkt neben der Nachbildung der Kleineisen durchgetrennt und das Profil mit den kürzeren Schwellen neben das schon verlegte Gleisstück geklebt. Dabei sollten die Schwellen der beiden Gleisstücke ohne Spalt in einer Linie zueinander liegen, also die zweiteilige Schwelle wie eine große durchgehende erscheinen.

Das bisher nicht verarbeitete Metallprofil wird aus den übrigen Schwellen gezogen und mit Sekundenkleber direkt auf die Schwellen des ersten Gleisstückes parallel zu den drei anderen Profilen befestigt. Vor dem Trocknen sollte geprüft werden, ob die beiden Schienenprofile des zweiten Gleises die korrekte Spurweite besitzen. Danach erhalten die Schwellen einen dunkelbraunen und die Profile einen rostbraunen Anstrich. Zum Schluss werden die Gleise noch mit Achsen abwechselnd bestückt und eventuell im hinteren Gleisbereich mit einigen Sträuchern dekoriert.

1.6 Schienenabschluss aus Schwellen

Das Vorbild

Ein origineller Gleisabschluss findet sich im ehemaligen Bw Heilbronn. Eine solche Bauform

Am Rande einer Schiebebühne werden defekte Achsen mit Rädern auf einem speziellen Vierschienengleis platzsparend abgestellt.

Einfachheit zeichnet diesen Gleisabschluss aus. Ein Vorteil, der die Umsetzung ins Modell erleichtert.

wird es in dieser oder in ähnlicher Form auch woanders gegeben haben. Das ehemalige Bw in Heilbronn soll als Museum erhalten werden, so dass dieses Detail auch in Zukunft zu sehen sein wird! Aufgebaut ist der Gleisabschluss aus zwei übereinander liegenden Altschwellen, die mit Flacheisen auf die vorletzte Schwelle des Gleises geschraubt sind. Diese Art des Abschlusses ist natürlich ausschließlich für Gleise vorgesehen, die vorschriftsmäßig nur mit 3,6 km/h befahren werden dürfen – optimal eben für ein Bw.

Der Nachbau im Modell

Umgesetzt ins Modell ruft diese unkonventionelle Art des Gleisabschlusses häufig ungläubiges Staunen hervor. Sollte jemand bezweifeln, dass es so etwas gab oder gibt, kann das obige Vorbildfoto als Beweis dienen. Aber auch für weitere Details ist ein Studium dieses Bildes hilfreich, besonders interessant ist z.B. das Sh 0 Schluss-Signal oder die starke Verkrautung. Die Nachbildung ist schnell gemacht, zurechtgeschnittene Kunststoffschwellen werden einfach auf das Gleis geklebt, mit Flacheisenattrappen versehen und dunkelbraun eingefärbt. Holz ist hier weniger geeignet, da die scharfen Spurkränze gegen die Schwellen stoßen. Das Schluss-Signal aus einem Stück lackiertem Karton und einem dünnen Draht wird noch angebracht und das Ganze nach Belieben noch verkrautet. Im Betrieb sollte man allerdings daran denken, dass so ein Gleisabschluss für eine Lokomotive weder im Modell noch beim Vorbild ein Hindernis darstellt.

2. Ohne Gleise kein Verkehr

Ein Besuch bei den Bahnanlagen

Ohne Gleise rollen keine Züge. Sie sind der Verkehrsweg, den die Lokomotiven und Wagen zur Fortbewegung benötigen. Ein- und zweigleisige Eisenbahnstrecken verbinden Städte und Regionen miteinander. Dabei führen die Schienen mit Hilfe von Dämmen und Brücken über Täler und Flüsse oder mit Einschnitten und Tunnels durch Berge und Hügel. Dieses Schienennetz bildet die Bahnanlagen.

Zu diesen Bahnanlagen gehören außerdem die Bahnhöfe als Ziel- und Endpunkt einer Zugfahrt. Abhängig von der wirtschaftlichen und in früheren Zeiten auch politischen Bedeutung nahmen die Bahnhöfe dabei zum Teil riesige Ausmaße an. Während eine kleine Station an einer unbedeutenden Nebenbahn mit zwei Gleisen und einem privaten Gleisanschluss auskommt, benötigt der Hauptbahnhof einer Großstadt mit seinem umfangreichen Schienennetz schon die Fläche einer Kleinstadt. Unabhängig von den Größenverhältnissen reduzieren sich diese Großstadt-Bahnhöfe bei Vorbild und Modell meist auf wenige Merkmale. Dazu gehören in erster Linie Empfangsgebäude, Güterschuppen, Stellwerke, Bahnbetriebswerke oder auch Ladekräne. Diese Dinge bietet die Modellbahnindustrie in allen Größen und Epochen an. Falls dennoch Wünsche unerfüllt sind, bleibt nur noch der aufwändige Selbstbau.

Weitaus weniger Aufwand erfordert die Nachbildung vieler Kleinigkeiten, die überall in der Nähe von Gleisanlagen zu finden sind. Beim

Besuch des großen Vorbildes sollten nicht nur Züge und Gebäude fotografiert werden, sondern in einer stillen Minute der Blick auch mal über das sonstige Gleisumfeld schweifen. Dabei fallen viele alltägliche und oft nicht wahrgenommene Details auf, die es wert sind, näher betrachtet zu werden.

Gönnen wir uns eine Minute und stellen uns in Gedanken vor, in einem Zug an einem Bahnsteig zu stehen und einen Blick über das Bahnhofsgelände zu werfen. Zuerst fällt uns auf, dass an der Schiene vor unserem Wagen in regelmäßigen Abständen eine halbe Holzschwelle zwischen Bahnsteigkante und dem ersten Schienenprofil als Abstandhalter montiert ist. Weiter sticht ins Auge, dass die Bahnsteigkante einerseits aus alten Schwellen und andererseits aus Steinen besteht. Wahrscheinlich wurde sie irgendwann umgebaut oder verlängert. Aus den verschiedenen Umbauphasen des Bahnhofes scheinen auch die unterschiedlichen Bauarten der Prellböcke an den Abstellgleisen zu stammen. Während der Erste ganz aus Beton gebaut wurde, ist der Zweite ein Bremsprellbock und der Dritte ein Industrieprellbock. Neben diesen Gleisen liegt ein Stapel ausgebauter und aufeinander geschichteter Holzschwellen, daneben warten neue, fast weiße Betonschwellen auf ihren Einbau.

Nachdem sich der Zug in Bewegung gesetzt hat, überquert er bei der Ausfahrt eine kleine Brücke und durchfährt anschließend einen Tunnel. Damit die Wagen besser geführt werden, sind im Brückenbereich Metallprofile als Zwangsschienen eingebaut. Im Bereich des Tunnels fallen Wasserrohre in den gemauerten Hangabstützungen auf, damit das Wasser hinter der Mauer abläuft. Ein weißes Emaille-Schild an der Wand informiert über den Namen und der Länge des Tunnels. Danach heißt es bei der Einfahrt in den Tunnel »Kopf einziehen!«, denn ein weißer Signalanstrich an dem Tunnelportal zeigt eine Verengung der Strecke an.

Hier endet unsere erdachte kleine Eisenbahnreise, aber die dabei entdeckten Kleinigkeiten fallen jedem aufmerksamen Besucher des Vorbildes auf. Die nachfolgend beschriebenen Ideen sind nur eine Auswahl von Kleinigkeiten, die bei der Eisenbahn zu finden sind und deren Nachbau sich lohnt. Wer sich dabei genau umsieht, verleiht seiner Modellwelt mit diesen Details bei geringem Aufwand und Kosten den Charme des Vorbilds.

2.1 Offene Laderampenschräge

Das Vorbild

Laderampen waren wichtige Einrichtungen eines Bahnhofes, als die Eisenbahn noch Expressgüter wie Kisten, Fässer, Gepäckstücke und Ähnliches beförderte. Mit Hilfe der Rampen war es möglich, die Güter ebenerdig in die entsprechenden Wagen zu verladen. Um diese Laderampen mit dem normalen Straßenniveau zu verbinden, waren Schrägen vorgesehen, die an den Seitenteilen oft gemauert oder aus Stampfbeton gefertigt wurden. Ein Nachbau ist relativ aufwändig.

Nebenbahnen, die kostengünstig wirtschaften, haben da ihre Vorzüge für die Umsetzung ins Modell. Die hier vorgestellte offene Rampenschräge besteht aus alten Schienenprofilen und einer Schwarzdecke aus Teer. Die Schräge der Rampe entspricht etwa einem Verhältnis von 1:6 und ist somit relativ steil. Sie ist aus vier im Parallelabstand von 90 cm laufenden Schienenprofilen aufgebaut, so dass sich drei auszugießende Felder ergeben. Die Schienen sind ca. 40 cm in den vorderen Rampenkopf der 110 cm hohen Rampe einbetoniert und laufen noch ca. 50 cm waagerecht weiter, bevor sie in der erwähnten Schräge nach unten gebogen sind und am Boden in einem mit der Ladestraße niveaugleichen Betonfundament enden. Am Knickpunkt, sowie 270 cm ab Rampenkante ist eine Querschiene von unten angeschweißt, die mit Längspfosten, ebenfalls aus Schienenprofilen, die Rampe abstützt. Die einzelnen Felder der Rampenschräge sind mit Eisenplatten, die zwischen den Schienen liegen, abgedeckt und mit einer Teerdecke ausgegossen.

Seltenes Stück: Diese offene Rampenschräge belebt die Modellbahnanlage erheblich.

Diese einfach aufgebaute Schräge ist ein selten nachgebildetes Bauwerk und sorgt auf der Modellbahn für die nötige Abwechslung, da sie nicht nur am Bahnhof, sondern auch in Fabrikanlagen, Speditionen oder ähnlichen Gegebenheiten verwendbar ist.

Der Nachbau im Modell

Die Rampenschräge entstand für den kleinen Bahnhof einer württembergischen Nebenbahn im Maßstab 1:87. Ausgangspunkt der Schräge ist die fertig gestaltete Laderampe, die ein vorbildgerechtes Höhenmaß von 12,5 mm besitzen sollte. Die vier tragenden Schienenprofile wurden aus feinen, 2,1 mm hohen Schienen gebogen. Eine zuvor erstellte Biegezeichnung, die sich an den eigenen Gegebenheiten orientiert, erleichtert die Arbeit erheblich. In den Rampenkopf werden nun 5 mm lange und 2 mm tiefe sowie 1,5 mm breite Schlitze geschnitten, so dass die vier Profile parallel im gleichen Abstand, beginnend von der straßenseitigen Vorderkante, ge-

Alle Einzelheiten des Rohbaus sind hier deutlich zu erkennen. Die Schienenprofile sind Reststücke aus dem Anlagenbau, die hier sinnvoll wiederverwertet werden.

setzt werden können. Gemäß dem Breitenmaß werden nun die Querstreben zurechtgeschnitten und von unten angeklebt. Ist der Klebstoff getrocknet, werden die passend zurechtgeschnittenen Standpfosten angebracht. Wenn alles gut durchgetrocknet ist, folgt die Alterung des Ganzen mit passender Farbe. Die drei Felder der Schräge werden nun mit 0,5 mm dünnen Kunststoffplatten ausgelegt und mit Modellspachtelmasse aufgefüllt. Ist diese ebenfalls ausgehärtet, wird sie straßen- oder betonfarbig lackiert. Zum Abschluss noch hier und da etwas obligatorisches Grün in Form von Gras und Büschen sowie der einen oder anderen Verschmutzung des Belages – fertig!

2.2 Stückgutschilder

Das Vorbild

Vor wenigen Jahren wurden im Güterverkehr nicht nur Massengüter, sondern auch Stückgüter oder einzelne Pakete – mitunter sogar Eilpakete! – mit der Bahn verschickt. Ein besonderer Güterzug, teilweise auch mit Packwagen, fuhr mindestens einmal am Tag eine Rampe mit Durchfahrmöglichkeit am Güterschuppen in jeder Fahrtrichtung an. Das Endziel war jeweils das nächste große Frachtzentrum, denn dort wurden die auf den Unterwegsstationen gesammelten Stückgüter weitergeleitet. An den Güterschuppen waren weiße Schilder mit den Ortsnamen der jeweiligen Frachtzentren an der Außenwand in Kopfhöhe angebracht. Darunter wurden die Stücke für die Frachtzentren gestapelt und im nächsten Zug in diese Richtung verstaut. Oft lagen diese Sammelplätze im überdachten Bereich der Güterschuppenrampe, damit die Stückgüter bei Regen trocken blieben. Falls das am Güterschuppen liegende Gleis ein Stumpfgleis war, wurde häufig mit beweglichen Brücken oder Überladeblechen die kurzzeitige Verbindung zum nächsten Durchfahrtgleis geschaffen, denn dort hielten die Züge nur kurz, um mit möglichst wenig Zeitverlust weiterzufahren.

Der Nachbau im Modell

Viele Modellbahnanlagen sind thematisch in den Epochen 2 oder 3 angesiedelt, also in einer Zeit, in der es noch vermehrt Güterverkehr auf der Schiene gab und daher jeder Bahnhof auch noch einen Güterschuppen besaß. Zahlreiche Modellschuppen können noch nachträglich mit den erwähnten Stückgutschildern versehen werden. Für die Umsetzung werden zwei echte oder

Vor einigen Jahrzehnten beförderte die Bahn noch einzelne Gepäckstücke. Im Bahnhof Häusernmoos liegt das Frachtgut in Richtung Nauheim bereit.

Der Rohbau zeigt anschaulich, wie der Kern des Bahnsteiges aufgebaut ist. Die einzelnen Bauteile liegen schon parat, der Einbau kann beginnen.

fiktive – aber vom Wortstamm her zur landschaftlichen Region passende – Ortsnamen auf weißem Untergrund benötigt, wobei diese Schriftzüge mit dem Computer erstellt werden können. Alternativ dazu gehen auch kleinere Bahnhofsschilder aus Bausätzen oder Nass-Schiebebilder auf weißem Papier. Diese werden an der gleisseitigen Außenwand des Güterschuppens in großem Abstand zueinander waagerecht angeklebt. Wenn die Oberflächenstruktur der Wand zu uneben sein sollte, um die Namen glatt anzubringen, werden die Schriftzüge auf einer rechteckigen Unterlage aus Plastik angebracht und dann komplett angeklebt. Zum Schluss werden noch Pakete, Kisten oder Fässer auf dem Platz unter den Schildern arrangiert.

2.3 Ein einseitiger Schüttbahnsteig

Das Vorbild

Ohne Bahnsteige gäbe es keinen Passagierverkehr bei der Eisenbahn, außerdem helfen Gepäck- oder Güterbahnsteige dem Lademeister dabei, das Stückgut rasch zu verladen. Die Bauweise eines Bahnsteiges richtet sich nach Art und Länge der verkehrenden Züge. Eine Bahnsteigbreite von drei Metern sollte als Minimum angesehen werden. Auch die Bauhöhe und die Beschaffenheit der Bahnsteigkanten sind häufig verschieden.

Ein S-Bahn-Bahnsteig mit einer Höhe von 760 mm über der Schienenoberkante (SO) und umlaufend gemauerter Kante unterscheidet sich stark von dem einseitigen Schüttbahnsteig eines kleinen Personenbahnhofes mit einer Höhe von 380 mm über SO, wie er hier nachgebaut wurde. Diese Bauform ist oft auf Nebenbahnen anzutreffen und besitzt nur eine vordere Kante. Ein Deckbelag aus Betonformsteinen, Gehwegplatten, Teer, Beton oder Splitt bildet die Oberfläche.

Nach der Wahl der Bauform sowie deren Länge, Höhe, Breite, Kante und Belag gilt es, noch die Lage des Bahnsteiges zu klären. Außenbahnsteige, meist als Hausbahnsteige eingerichtet, sind die verbreitetste Bauart, gefolgt von Inselbahnsteigen zwischen zwei Gleisen. Querbahnsteige finden sich an den Gleisenden größerer Kopfbahnhöfe. Bei dieser breiten Auswahl ist es durchaus möglich, sich seinen eigenen Modellbahnsteig passend zu formen. Auch Über- oder Unterführungen, niveaugleiche Übergänge, Lampen oder Bahnsteigdächer sind zu beachten.

Die Bahnsteigkante aus Leitplanken ist bereits angeklebt. Der feine Splitt für die Bahnsteigschüttung ist bereits vorbereitet, der Schotter für die Nenngröße N (rechts im Bild) dient dem Größenvergleich der Körnungen.

Bei dem hier vorgestellten Exemplar ist Sparsamkeit oberstes Gebot. Der Außenbahnsteig eines kleinen Nebenbahnbahnhofes ist in Schüttbauweise gefertigt, d.h. im normgerechten Abstand zur Gleismitte ist eine Kante gesetzt, die bis 380 mm über SO reicht. Im Bereich des Bahnhofes sind Gehwegplatten als Deckbelag verlegt, rechts und links vom Empfangsgebäude ist der Bahnsteig mit feinem Splitt belegt. Die Form des Bahnsteigquerschnittes läuft ca. zwei Meter mit geringer Neigung vom Gleis weg, um Regenwasser vom Gleisbereich fern zu halten. Der Rest der Bahnsteigbreite von ca. einem Meter senkt sich steiler nach hinten ab, um sich mit dem ebenen Bahnhofsgelände auszugleichen. Zur Grundausrüstung des Bahnsteiges gehören noch drei einfache Lampen, ein Papierkorb und ein Bahnbediensteter.

Der Nachbau im Modell

Die Bahnsteigkante des Schüttbahnsteiges in Nenngröße H0 besteht aus alten Leitplanken, wie sie bei der DB ab den 70er-Jahren auch für Bahnsteigkanten verwendet wurden. Zuerst muss ein Grundkörper des Bahnsteiges anhand der o.g. Vorbildmaße gefertigt werden. Wichtigster Punkt ist die Entfernung der Bahnsteigkante zur Schiene, um die Profilfreiheit zu gewährleisten. Anhand der NEM 102/103 (siehe Anhang) ist das Maß leicht ermittelt, es beträgt in der Geraden 16 mm. Bei maßstäblichen Modellen, die auf der Anlage verkehren, genügen auch 12 mm, allerdings sind dann Testfahrten unerlässlich.

Vom Grundkörper des Bahnsteiges, der am Besten aus Sperrholz gefertigt wird, muss in der Breite die Stärke der Bahnsteigkante – in diesem Fall 1,2 mm – abgezogen werden. Je nach verwendetem Gleismaterial oder vorhandenem Schotterbett wird eine Schräge an das Bahnsteiggrundbrett geschnitten, bis der ermittelte Abstand zwischen Schienen und Bahnsteig stimmt. Die Dicke des Grundbrettes errechnet sich aus der SO über dem Grundbrett und der Höhe des Bahnsteiges über SO (hier 4,4 mm) abzüglich der Dicke des Belages (bei unserem Schütt/Plattenbahnsteig 1 mm). Sollte die errechnete Höhe als Plattenmaterial nicht erhältlich sein, wählt man das nächst dünnere Sperrholz und bringt es beim Verschrauben mit dem Grundbrett mittels untergelegter Furnierreste auf die richtige Höhe (Dicke).

Der Grundkörper des Bahnsteiges sollte grau lackiert werden. Eventuelle Aussparungen für Masten, Weichenantriebe oder Seilzugnachbildungen können, sofern sie nicht schon beim Zuschneiden berücksichtigt wurden, nun eingestemmt werden. Als Nächstes stellt man die Bahnsteigkante aus Leitplanken her. Verwendet werden gebräuchliche Straßenleitplanken von Noch, die unter der Katalognummer 60511 erhältlich sind. Sie werden doppelt übereinander an die schienenseitige Stirnkante des Bahnsteiges geklebt, so dass sich an der Kante die er-

Der gerade fertig gestellte Bahnsteig besitzt noch keine Betriebsspuren. Eine vorbildgetreue Alterung erfolgt mit rostroter und brauner Farbe.

rechnete Höhe ergibt und später mit dem gewählten Splitt aufgefüllt werden kann.

Nun erfolgen ausführliche Probefahrten. Läuft alles problemlos, dann wird die Leitplanke weiß oder alufarbig lackiert. Nun wird das Gleis ein bzw. nachgeschottert, so dass der Schotter bis an die untere Kante der Leitplanke reicht. Der Plattenbelag am Bahnhofsgebäude entstand aus der Kibri-Dekorplatte Nr. 4123. Für die Splittschüttung eignet sich feiner Sand oder – höheren Ansprüchen genügend – Asoa-Splitt. Nach dem Festleimen werden die Aufbauten des Bahnsteiges (hier bestehend aus einem Papierkorb und den Viessmann-Leuchten Nr. 6065) angebracht. Den Abschluss bildet eine dezente Alterung aus Pulverfarbe und »Schmutzwasser«, dann wartet der fertig gestellte Bahnsteig auf die ersten Modellpassagiere.

2.3.1 Bahnsteigkanten aus Holz

Das Vorbild

Nebenbahnen mussten kostengünstig gebaut werden. Alte oder vorhandene Materialen waren daher bevorzugte Baumaterialien. Für eine einfache Bahnsteigkante eignen sich zum Beispiel vorhandene Schwellen, die übereinander gestapelt und an der Rückseite mit Flacheisen verbunden wurden. Mitunter steckte man sie auch zwischen T- oder Schienen-Profile. Der eigentliche Bahnsteig wurde dann einfach von hinten an die Kante geschüttet, verdichtet und abschließend gegebenenfalls noch mit einem Belag versehen.

Der Nachbau im Modell

Diese Bahnsteigkanten-Bastelei schließt sich direkt an den H0-Schüttbahnsteig an, lediglich die Leitplankenkante wird gegen die Schwellenkante ausgetauscht. Der Aufbau dieser Bahnsteigkante ist sehr einfach. Da die Maße des Bahnsteigs aus dem Bauvorschlag für den Schüttbahnsteig hervorgehen, steht hier die Kante im Mittelpunkt.

Die Arbeit beginnt mit Schienen- oder T-Profilen, die passend abgelängt und in vorbereitete Löcher im Abstand der Schwellenlänge in der Anlagengrundplatte befestigt werden, so dass der Schienenfuß zum Gleis zeigt. Die obere Kante des Profils muss mit der Bahnsteigkante übereinstimmen. Diese Halterungen werden grau oder rostfarbig lackiert.

Förmliche Begrüßung auf dem Bahnsteig: Dies ist die passende Bahnsteigkante für eine Nebenbahn der Epoche 3, an der gleich der morgendliche Personenzug hält.

Für die Altschwellen eignen sich verschiedene Rohmaterialien. Balsaholz lässt sich einfach zuschneiden, ist aber sehr weich. Kieferholzleistchen oder Dickschichtfurniere aus dem Flugzeugmodellbau sind stabiler und spielgeeignet, müssen aber zurechtgesägt werden. Egal aus welchem Material die Schwellen gefertigt werden, sie sollten 30 mm x 3 mm x 2 mm groß sein. Die Schwellen werden nun zwischen die Halteschienen geklebt, so dass der Schienenfuß die vordere Abgrenzung darstellt. Hier und da lassen sich nun mit einem scharfen Bastelmesser abgenützte Kanten oder Risse im Holz herausarbeiten. Das Lackieren der Schwellen mit schwarzbrauner bis braungrauer Farbe bildet den Abschluss der Arbeiten, nun kann mit dem Auffüllen des Bahnsteiges begonnen werden.

2.4 Schutzhaltsignal

Das Vorbild

Zahlreiche Signale sorgen für einen sicheren Eisenbahnverkehr. Dabei gibt es neben den Hauptsignalen auch viele Nebensignale. Dazu gehört auch die rechteckige rote Signaltafel mit weißem Rand, das so genannte Schutzhaltsignal Sh 2. Diese Tafel kennzeichnet das Ende eines befahrbaren Gleisabschnittes. Oft ist dieses Signal rechts oberhalb der Pufferbohle an Prellböcken montiert, die am Ende eines Einfahrstumpfgleises in einem Bahnhof stehen, oder die Sh 2-Tafel steckt an einem Pfosten in der Mitte eines gesperrten Gleises. Auch sind die rotweißen Signaltafeln an Toren von Lokschuppen oder Fabrikzäunen angebracht, wobei bei zweiteiligen Toren entweder zwei Signale oder jeweils ein halbiertes Signal pro Torflügel verwendet werden.

Der Nachbau im Modell

Auf vielen Modellbahnanlagen steuern im Vergleich zum Vorbild viel zu wenige Signale den Schienenverkehr. Diesem Umstand durch den Einbau von Form- oder Lichtsignalen bei einer bestehenden Anlagen abzuhelfen, ist ein größeres Unterfangen, das die meisten Hobbykollegen zurückschrecken lässt. Doch zumindest das Schutzhaltsignal kann man mit wenig Aufwand und geringen Kosten nachträglich an Prellböcken und Schuppentoren anbringen.

Den meisten Hausbausätzen liegen Papierbögen oder Selbstklebefolien mit verschiedenen Motiven bei, unter denen sich oft das Schutzhaltsignal findet. Alternativ zu diesen Resten aus

Vorbildlich sichert hier ein rot-weißes Schutzsignal das geschlossene Tor eines modernen Lokschuppens.

der Bastelkiste gibt es von verschiedenen Herstellern, z.B. TruckLineDecals, in fast jeder Baugröße Nass-Schiebebilder mit diesem und anderen Signalen. Mit einer Pinzette und – wenn nötig – einem Tropfen Kleber wird das Signal waagerecht an einem Prellbock oder an Toren knapp über Pufferhöhe befestigt. Bei zweiflügeligen Toren wird entweder jedes Tor mit einem eigenen Signal versehen oder ein Signal mittig durchgeschnitten und jeweils zur Hälfte auf die Torflügel geklebt. Dabei bringt man es so an, dass bei geschlossenem Tor die beiden halben Signale wie ein Ganzes wirken. Damit ist wieder für mehr Sicherheit auf der Modellbahnanlage gesorgt.

2.5 Gefahrenanstrich

Das Vorbild

Bei der Eisenbahn dürfen in einer genau festgelegten Breite und Höhe keine Gegenstände in den Fahrweg hineinragen. Diese Maße sind im so genannten Lichtraumprofil genau definiert. Je nach Art der Strecke, z.B. elektrifiziert oder nicht, Regel- oder Schmalspur, kann dieses Lichtraumprofil variieren, da es von den größten jeweils dort verkehrenden Zügen plus einem Sicherheitsabstand bestimmt wird. Dieses Profil ist als Mindestmaß für eine freie Schiene zu sehen. Die Bahn hält aber im Regelfall mehr Abstand von möglichen Gefahrenquellen, die z.B. bei der Lademaßüberschreitung eines Güterwagens zu einem Zusammenstoß führen würden.

In diesem Zusammenhang gibt es das Signal So 13, auch Gefahrenanstrich genannt, das Gegenstände mit einem weißen Schutzanstrich kennzeichnet, die in einer kürzeren Entfernung als 20 cm zum Lichtraumprofil angebracht sind. Dieser Anstrich, den auch Tunnelportale, Tore oder Gebäude erhalten können, ist schon von weitem für den Lokführer sichtbar.

Der Nachbau im Modell

Im Modell lässt sich der Gefahrenanstrich ohne viel Aufwand mit etwas Farbe nachbilden. Mit Hilfe des Lichtraumprofils nach NEM 102 und 103 (siehe Anhang) können dabei alle Gegenstände, die innerhalb des Profils liegen, ausgemessen werden. Allerdings ist es möglich, wenn auch nicht ganz vorbildgetreu, nur der Optik wegen ein Tunnelportal mit dem Signalanstrich zu versehen.

Die Vorbildhöhe des Anstrichs befindet sich zwischen 100 und 305 cm, welche auf die je-

Für alle überbreiten Schienentransporte heißt das weiße Signal am Tunnelportal: Einschränkung des Lichtraumprofils und daher besondere Vorsicht!

weilige Baugröße umgerechnet wird. Bei einem Tunnelportal werden die vorderen und ums Eck liegenden inneren Gewölbesteine in der ermittelten Höhe weiß lackiert. Bei der Wahl der Farben ist auf das Material des Tunnelportals zu achten, damit dieses z.B. bei Verwendung von Hartschaumplatten nicht aufgelöst wird. Der Anstrich selbst sollte oben und unten gerade abschließen. Für die Nachbildung älterer Portale trägt man die Farbe nicht ganz deckend auf, damit der Anstrich etwas verwittert aussieht.

2.6 Tunnelname

Das Vorbild

Wenn einmal ein Berg oder Hügel für einen Einschnitt zu groß oder ein Umfahren unmöglich war, baute man für den Schienenweg einen Tunnel. Die Länge variierte dabei zwischen wenigen Metern und mehreren Kilometern, und auch die Funktionen reichten vom Kehrschleifentunnel über ein Vorzeigeobjekt bis zum Brückenersatz.

Jedes dieser Tunnelbauwerke erhielt einen Namen, und häufig stand er nach der Vollendung auf einem weißen Emaille-Schild an den jeweiligen Tunneleingängen oder den Flügelmauern. Bei den Tunnelnamen wurden oft die Namen der durchbohrten Berge oder die Gebietsnamen der Region übernommen. Stellenweise gab man auf den Schildern außerdem die Länge der Bauwerke an.

Der Nachbau im Modell

Auch im Modell sind Tunnel ein beliebtes Nachbauobjekt, nur allzu häufig tarnen sie enge Radien oder die Einfahrten in den Schattenbahnhof. Allerdings sind die meisten dieser Bauwerke namenlos, doch mit einem Computer sowie etwas Fantasie und Geschick lässt sich das schnell ändern. Als Erstes sollte ein passender Name gefunden werden, der zur nachgebildeten Landschaft (z.B. Odenwaldtunnel) oder zum Motiv des Modellberges (z.B. Schlossberg) passt. Mit Hilfe eines Computers wird dieser Name in Großbuchstaben und schwarzer Schrift gedruckt. Die Größe der Buchstaben sollte dabei der von Bahnhofsschildern gleicher Baugröße entsprechen.

Anschließend schneidet man mit einem scharfen Bastelmesser oder einer Schere das Schild rechteckig aus. Die dabei entstandenen Ränder werden mit einem schwarzen Filzstift

Schnappschuss: Einer der Autoren fotografiert eine Altbau-E-Lok bei der Ausfahrt aus dem Herrenberger Tunnel.

und einem Lineal so bemalt, dass außen herum ein schwarzer Rahmen entsteht. Danach wird das Schild mit durchsichtigem Klebeband von vorne beklebt, um den typischen Emaille-Glanz zu erhalten. Im letzten Arbeitsgang werden die überstehenden Klebestreifen abgeschnitten und das Schild kann neben dem Tunnelportal befestigt werden.

Jetzt ist der Tunnel nicht mehr namenlos. Alternativ zu dem Computerausdruck können auch aus der Bastelkiste bedruckte Papierbögen mit passenden Bahnhofsnamen eingesetzt werden.

2.7 Bremsprellbock

Das Vorbild

Bremsprellböcke dienen der gefahrlosen Vernichtung der kinetischen Energie eines auffahrenden Eisenbahnfahrzeuges, selbstverständlich nur solange die Energie, die auf den Prellbock wirkt, nicht zu groß ist, d.h. das Fahrzeug nicht zu schnell fährt. Bremsprellböcke sind an unterschiedlichen Standorten wie z.B. Kopfbahnhöfen oder Gleisen, die an Gefahrpunkten wie Gebäuden oder Abhängen enden, zu entdecken.

Es gibt verschiedene Bauarten, die teilweise noch aus der Reichsbahnzeit stammen. Die häufigsten Varianten sind Bremsprellböcke mit Schleppgliedern seitlich vor dem Prellbock oder mit Schubgliedern hinter dem Prellbock. Letztere Bauform soll hier näher betrachtet werden.

Ausgehend von einem Exemplar, das dem festen Prellbock entspricht, beginnt der eigentliche Bremsteil des Prellbockes dahinter. Je Schiene sind fünf U-förmige Klemmelemente, die den Schienenkopf umklammern, im Abstand von ca. 1,20 m zueinander ab dem Ende des Prellbockes befestigt. Diese ca. 30 cm langen Klemmelemente sind längs zur Schiene geteilt und werden oberhalb des Schienenkopfes mittels Bolzen zusammengehalten und dadurch seitlich gegen den Schienenkopf gepresst. Untereinander sind diese Klemmelemente längs zum Gleis mit dreiteiligen Schubblechen verbunden, die so miteinander befestigt sind, dass sie sich im Ernstfall zusammenfalten. Quer zum Gleis, also in Schwellenlage, sind die Klemmelemente mit normalen Schienenprofilen verbunden, die oberhalb angeschraubt sind. Die Gesamtlänge dieses Bremsteiles beträgt uneinheitlich ca. fünf Meter.

Der Nachbau im Modell

Der Nachbau dieses Bremsprellbockes ist relativ einfach.[1] Begonnen wird mit dem eigentlichen Prellbock, der unverändert aus einem Roco-Line-

1 Nachgebaut wurde das Modell im Maßstab 1:87.

Ein Abhang am Ende des Ladegleises macht diesen Bremsprellbock nötig. Gerade befragt das Autorenteam einen örtlichen Bahnbediensteten zum Thema Bremswirkung und Prellbockbauart.

Die Einzelteile des Prellbock-Rohbaus heben sich auf dem mit Pulverfarbe von Asoa gealterten Gleisbett besonders deutlich ab.

Prellbock 42608 entstand. Die nächsten Bauteile sind die zehn Klemmelemente: Sie werden einfach aus 3,5 mm langen Kunststoff-U-Profilen gefertigt, deren innere Breite dem Schienenkopf entspricht, der im Fall des Roco-Line-Gleises einen Millimeter beträgt. Die dreiteilige Schubstange wird gemäß der Zeichnung aus 0,5 mm dickem Kunststoff oder stabilem Karton gefertigt. Die fünf jeweils 16 mm langen Schienenprofile aus möglichst feinem Profil bilden den Abschluss des Materialzuschnitts. Sind die Einzelteile fertig gestellt, werden sie mittelgrau bis rostbraun lackiert.

Aufgebaut wird der Bremsprellbock folgendermaßen: 6 cm vor dem Ende des Gleises wird die Hinterkante des Prellbockes auf dem Gleis befestigt. Direkt dahinter werden die ersten Klemmelemente auf die Schiene gesetzt und mittels Klebstoff mit dem Prellbock verbunden. Im Abstand der Schubstangen werden die vier weiteren Klemmelemente auf die Schienenköpfe geklebt. Danach setzt man die vorgefertigten Schubstangen einfach auf die Oberteile der Klemmelemente und fixiert sie mittels Klebstoff. Zum Abschluss werden die 16 mm langen Schienenprofile mittig auf die Klemmelemente geklebt und der so entstandene Bremsprellbock an seine Umgebung angepasst.

Der Aufbau der Schubstangen im Maßstab 1:43,5

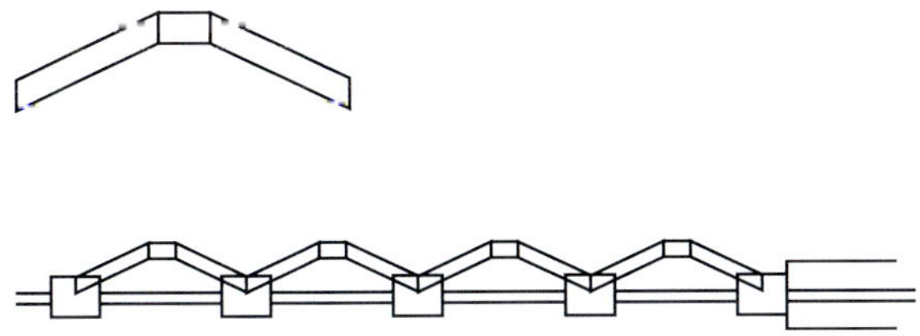

2.8 Industrieprellbock

Das Vorbild

Dieser Prellbock eignet sich besonders für Industriegleise und Privat- oder Nebenbahnen. Er besteht aus zurechtgebogenen Schienen und findet sich auch heute noch am Ende einiger alter Abstellgleise.

Bei dieser Bauform bog man den Schienenstrang des eingehenden Gleises einfach in einem Winkel von 70° nach oben und stellte es schließlich unterhalb der Pufferbohle mit einer weiteren Biegung senkrecht. Die Höhe von der Oberkante des Prellbockes bis zur Schienenoberkante betrug 120 cm. Schienenfuß an Schienenfuß wurde nun weitergebaut, d.h. man schraubte die von hinten kommende Schiene einfach mit ihrem Fuß an den senkrecht stehenden Fuß der vorderen Schiene, allerdings wegen der Stabilität im 45°-Winkel nach hinten abfallend, bis sie wieder im Planum endete und dort noch ca. einen Meter weiterlief. Die Prallfläche bestand aus einem 50 x 20 cm großen U-Profil, dessen Länge 2,5 m betrug. Es wurde mit Winkeleisen, die innen seitlich an der vorderen Schiene befestigt worden waren, mit dem Prellbock verschraubt. Die Auffütterung des U-Profils an der Stelle der Winkeleisen übernahm ein Eichenholzklotz, das gleiche Material aus dem auch die an dem U-Profil angeschraubte vordere Prallfläche, eine alte Schwelle, bestand. Diesen Prellbock sicherte häufig das Signal Sh 0.

Der Nachbau im Modell

Dieser Prellbock entsteht auch im Modell aus Schienenprofilen. Gemäß der Vorbildbeschreibung und anhand der Zeichnung im Maßstab 1:43,5, aus der sich die anderen Modellmaßstäbe

Leider ist die Existenz dieses Prellbockes bereits Geschichte, besonders stabil sah er am Ende seiner Dienstzeit ohnehin nicht mehr aus.

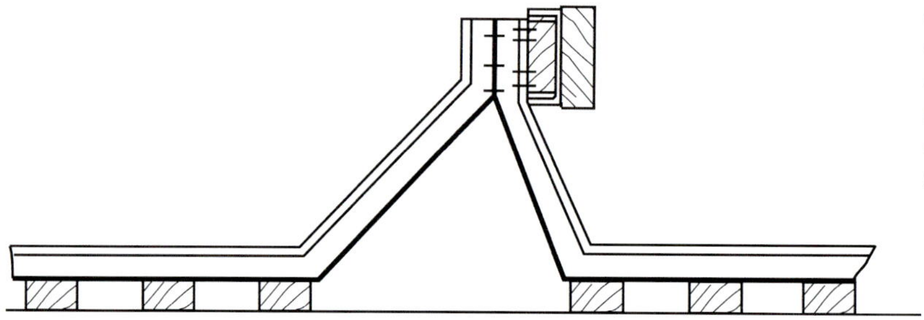

Die Zeichnung des Industrieprellbockes in Nenngröße 0 verdeutlicht den Aufbau und erleichtert das Maßnehmen.

Industrieprellbock M 1:43,5

leicht umrechnen lassen, werden die Gleisprofile passend zurechtgebogen. Zum Verkleben oder Verlöten der Schienen müssen sie auf einer ebenen Fläche ausgerichtet werden, damit das fertig gestellte Modell gerade eingebaut werden kann. Das U-Profil für die vordere Prallfläche wird aus Kunststoffplatten zusammengesetzt und an den Verbindungsstellen zum Schienenprofil mit Balsaholz unterfüttert, so dass eine ebene Fläche entsteht, an der die Winkeleisen zum Befestigen des Profils am Prellbock angeklebt werden können. Diese Winkeleisen werden ihrerseits an der Innenseite der vorderen Schiene befestigt und sind so lang wie das U-Profil breit ist. Auf diese Prallfläche wird nun eine »Altschwelle« aus Balsaholz geklebt. Zum Abschluss wird der Prellbock grundiert und in der gewünschten Farbe lackiert. Eine ordentliche Alterung kann noch aufgebracht werden, bevor das Sh 0 Signal rechts oben auf die Kante der Prallfläche geklebt wird. Das Schotterbett um den Prellbock herum wird nun noch ein wenig begrünt.

2.9 Ein abgestütztes Schotterbett

Das Vorbild

Der Eisenbahnbetrieb erlaubt nur bestimmte Neigungswinkel bei der Trassierung von Bahnstrecken, deshalb errichtete man Kunstbauten wie Tunnel, Dämme, Einschnitte und Brücken. Diese große Zahl von Kunstbauten erleichtert es dem Modellbahner, eine abwechslungsreiche Modellbahnanlage zu gestalteten. Kleine aber feine Details, wie eine Schotterbettabstützung gegen einen Steilhang, bringen dabei die richtige Vielfalt ins Spiel. Eine Kombination aus Schienenprofilen, die als Standpfosten in die Erde gerammt wurden, und alten Holzschwellen, die von hinten in Höhe der alten Befestigungen gegen den Schienenfuß geschraubt sind, hält den Schotter sowie den Randweg an seinem Platz. Die Bauhöhe sollte maximal vier bis fünf Schwellen betragen; auch sollte die Baulänge nicht übermäßig lang sein, um glaubhaft zu wirken.

Der Nachbau im Modell

Vorbildgerechte Materialien sollten verwendet werden, wenn die Abstützung im Maßstab 1:87 entsteht. Benötigt werden außer zierlichen Schienenprofilen noch Holzschwellen aus Balsaholz mit den Schwellenmaßen 30 x 3 x 2 mm.

An geeigneter Stelle werden nun Bohrlöcher gesetzt. Ihre richtige Position liegt rund zwei Millimeter außerhalb des Lichtraumprofils, da die Dicke der Schwellen berücksichtigt werden muss. Untereinander sollten die Löcher einen Abstand von ca. 19 bis 20 mm haben, um die abgelängten Schienenprofile aufzunehmen. Sie werden mit dem Schienenfuß zur Gleisseite hin befestigt und rostbraun lackiert. Wenn die Farbe getrocknet ist, werden die Schwellen gegen die Schienen geklebt. Sie sollten teerschwarz bis

Diese alten Schienen und Schwellen sicherten schon das Gleisbett gegen den Fels ab, als die E 18 noch fuhr.

silbergrau lackiert werden. Zum Schluss wird noch die geeignete Vegetation gepflanzt.

2.10 Oberleitungsmast im Hang

Das Vorbild

Jede Oberleitung ist ein hochkomplexes System aus Masten, Spannwerken und Fahrdrähten. Dies zeigt sich vor allem an Gleisverzweigungen oder in großen Bahnhöfen, wo man einige interessante Details studieren kann. Aber auch entlang der Strecke ist so manch ungewöhnliche Bauform zu entdecken.

Der hier abgebildete Mast verrichtet seinen Dienst an einer Bahnlinie, die an dieser Stelle einen kleinen Hügel durchschneidet. So entstand dieses Vorbilddetail aufgrund der geographischen Gegebenheiten. Es erzielt seine Wirkung im Wesentlichen aus der kleinen Stützmauer und dem stark verkürzten halbhohen Mast aus ca. 25 x 15 cm großem Doppel-T-Profil, der direkt hinter der Mauerkrone einbetoniert wurde. Der Ausleger ist oben am Mast mit Gegenplatten und Drahtbügeln befestigt. Der gesamte Mast ist grün lackiert und bietet sich durch seine Einfachheit besonders zum Nachbau an, schafft er doch Abwechslung im Masten-Einerlei der Regelmasten.

Der Nachbau im Modell

Der H0-Modellnachbau lässt sich relativ schnell bewerkstelligen. Wenn die Strecke trassiert und anschließend die kleine Mauer gesetzt ist, wird der eigentliche Mast gefertigt. Ausgehend vom verwendeten Oberleitungssystem müssen Mastausleger erworben werden (hier Viessmann Nummer 4171). Außerdem benötigt man ein Doppel-T-Profil aus Messing, das 3 x 1,5 mm groß sein sollte und im Flugzeug- oder Schiffsmodellbauhandel erhältlich ist. Weitere Bauma-

Ungewöhnliches Detail: Der Einschnitt mit der Stützmauer und dem aufgesetzten Mast fällt auf und sorgt umgesetzt ins Modell für Abwechslung in der Anlagengestaltung.

terialien sind: feiner Messingdraht mit einer Stärke von 0,3 mm, zwei 0,5 mm dicke Kunststoffplättchen mit den Maßen 3 x 2 mm, etwas Zweikomponentenkleber sowie Mastfarbe und Grundierung, um die Farbe abriebfest zu machen.

Begonnen wird mit dem Ablängen des Mastes. Seine Höhe ergibt sich aus der Regelmasthöhe abzüglich der Mauerhöhe plus ca. 3 cm zur Verankerung des Mastes im Untergrund. Die Ausleger werden nun so präpariert, dass sie eine ebene Fläche an den Isolatoren zur Mastseite hin aufweisen, dann werden die Isolatoren ca. 1 mm nach hinten geschoben, so dass der Auslegerdraht einen Zapfen bildet, der in ein Loch passender Größe im Mast gesteckt wird.

Nach diesen Vorbereitungen wird alles entfettet und mit dem Zweikomponentenkleber verklebt. Die Vorbildbefestigung des Auslegers wird nach dem Trocknen mit Hilfe der Kunststoffplatte und des Drahtes nachgebildet. In die Kunststoffplatte wird rechts und links des Mastes ein Loch mit einem Durchmesser von 0,4-0,5 mm gebohrt und von hinten so an den Mast

Die Modellumsetzung im Rohbau: Eine E 41 testet mit ihrem Bügel den neuen Mast.

Die einfachen Bauteile, die zur Anfertigung des Mastes genügen, in der Übersicht.

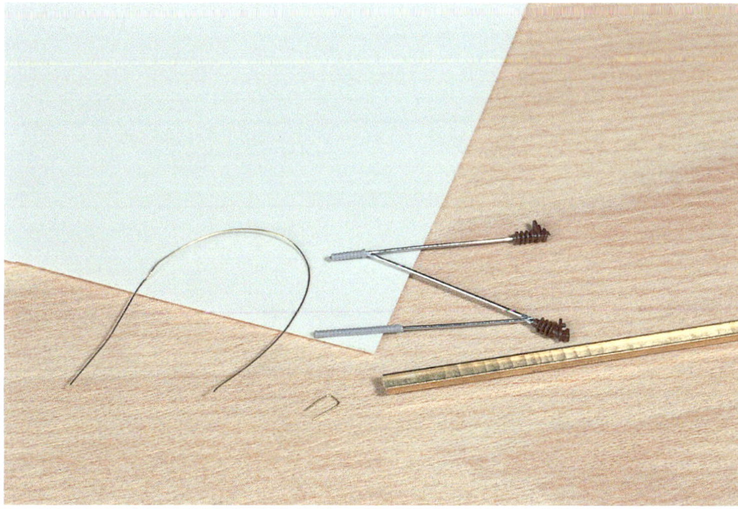

geklebt, dass sie mit den Isolatoren an der Vorderseite die gleiche Höhe einnehmen. Der zu einem U gebogene Draht wird nun von vorn durch die Löcher der Kunststoffplatte gesteckt und hinten einfach umgebogen. Zum Abschluss wird der Mast grundiert und lackiert. Nach dem Trocknen kann er in ein vorbereitetes Loch an seinem Bestimmungsort geklebt werden und wird mit der Fahrleitung versehen.

2.11 Signalfernsprecher mit Wellblechhaus

Vorbildbeschreibung

Signalfernsprecher gibt es in vielfältigen Formen, die epochengerecht angesiedelt sein sollten. Beginnend mit Epoche 2 sind Wellblechbuden die bevorzugte Bauform, die bis weit in die Epoche 3 den Standard bei der Eisenbahn bildete. Selbst in der heutigen Zeit sind sie abseits der großen Hauptstrecken noch in Gebrauch. Das hier vorgestellte Wellblechhäuschen ist im Bahnhof Eyach an der Strecke Tübingen–Horb zu finden. Somit beziehen sich alle Maße auf diesen Fernsprecher; sie können selbstverständlich auch

Ab und zu entdeckt man noch Wellblech-Telefonbuden an der Bahnstrecke. Modellbahnen der Epochen 2,3 und 4 kommen ohne sie kaum aus.

abgewandelt und den jeweiligen Gegebenheiten angepasst werden.

Das quadratisch aufgebaute Häuschen ist in der Grundfläche 100 cm x 100 cm groß, seine Höhe beträgt in der Mitte der Dachwölbung 212 cm, der Kasten selbst ist 200 cm hoch. Das gewölbte Dach steht an allen vier Seiten 15 cm über. Die Tür an der Vorderseite ist in einen Außenrahmen aus Vierkantrohr gefasst und reicht bis fast unter das obere Ende des Gehäusekastens. Eine kleine Drahtschlaufe als Griff sowie ein 60 cm x 40 cm großes Schild mit einem schwarzen »F« auf weißem Grund, das 115 cm ab Unterkante Tür angebracht ist, gestalten die Vorderseite.

An der Rückseite sitzt rechts oben eine kleine Glocke. Die Gehäusekanten sind mit L-Profilen abgesichert, die Ausrundungen des Daches sind gehäuseseitig mit einem ebenen Blech verschlossen. Alle Wandteile, die Tür sowie das Dach sind aus feuerverzinktem Wellblech hergestellt. Die Farbgebung ergibt sich aus dem Baumaterial und ist daher als graubraun-metallic zu bezeichnen. Die L-Profile sind dunkelgrau lackiert. Ein solcher Fernsprecher steht vor Einfahr- oder Hauptsignalen sowie an geeigneten Stellen im weiträumigen Bahnhofsbereich.

Modellbeschreibung

Eine Fernsprechbude sollte auf keiner Modellbahnanlage der Epoche 2 oder 3 fehlen.[2] Auch im Modell ist Wellblech das Hauptbaumaterial, das aus Modellbauplatten gefertigt wird. Hier entstand das kleine Telefonhäuschen aus Messing, ebenso ist es aber möglich, Kunststoffplatten zu verwenden.

Zunächst schneidet man die vier Seitenteile mit den Maßen 23 mm x 11,5 mm zu. Sie werden um zwei Holzstückchen herumgeklebt, deren Größe sich aus dem Innenmaß ergibt. Dieses Maß ist von der Dicke des verwendeten Wellblechimitates abhängig und muss individuell ermittelt werden. Beim Zusammenkleben ist darauf zu achten, dass die Bude hinterher gerade und nicht windschief steht.

Nach dem Trocknen des Klebers werden die vier Kantensäulen aus 1 mm x 1 mm großem L-Profil mit einer Länge von 23 mm angebracht. Der Türrahmen wird aus 0,5 x 0,5 mm großen Kunststoffprofilen nachgebildet und entlang der Innenseite einer Seite aufgeklebt. Ein kleines Stück des Profils imitiert den Drahtgriff, zwei kleine Stücke des Kunststoffprofils bilden auf der Rückseite die Glocke nach. Das Dach wird in den Maßen 16 mm x 16 mm mit einer maxima-

Feine Modellbleche und Profile eignen sich besonders zum Bau einer solchen Telefonbude, aber auch einfache Kunststoffplatten mit Wellblechmuster können das Ausgangsmaterial zum Selbstbau bilden.

Das Einfahrsignal des nächsten Bahnhofes zeigt freie Fahrt, die frisch hauptuntersuchte 50er rollt am Signalfernsprecher vorbei, um aus vorgeschriebener Geschwindigkeit am Bahnsteig zu stoppen.

len Wölbung von 2 mm nach oben gebogen und aufgeklebt. Dabei ist zu beachten, dass die Rillen des Wellbleches zu den Seiten der Wellblechbude laufen. Die Öffnungen der Wölbung an Tür- und Rückseite werden mit dünnem Karton verschlossen.

Hinterher wird das ganze Häuschen mit einer Mischung aus Silber und Erdbraun lackiert. Die senkrechten L-Profile erhalten einen dunkelgrauen und die Klingel an der Rückseite einen mattschwarzen Anstrich. Den Abschluss der Bastelarbeit bildet das Aufbringen der 6,5 mm x 4,5 mm großen F-Tafel an der Tür, 13 mm von der Unterkante entfernt. Diese Tafel kann am Computer erstellt werden (Schriftart: Arial, Schriftgrad: 12 Fett). Nach dem Ausdruck muss noch dünnes beidseitiges Klebeband auf der Rückseite des Blattes befestigt werden, danach wird die Tafel ausgeschnitten und aufgeklebt.

Sollte keine Druckmöglichkeit vorhanden sein und auch die Bastelkiste nichts hergeben, genügen ein dünner schwarzer Faserschreiber und eine ruhige Hand zum Beschriften. Aufgestellt mit einem Betonsockel am Streckenrand oder im Bahnhof, ist die Fernsprechbude ein schöner Blickfang.

---

2 Die Baubeschreibung bezieht sich auf die Nenngröße H0, anhand der Maße im Vorbildteil kann sie jedoch in jeden anderen Maßstab umgerechnet und umgesetzt werden.

3. Abwechslung auf der Schiene

Lokomotiven und Waggons

Meist stehen bei Eisenbahnfreunden die Fahrzeuge im Mittelpunkt des Interesses. Denn das Beobachten eines langen Güterzuges oder eines schnellen Personenzuges ist immer wieder ein Erlebnis. Dabei ist das Erscheinungsbild der Züge sehr vielfältig, denn heutzutage rollen die verschiedenen Diesel- und Elektrolokomotiven in den unterschiedlichsten Farbanstrichen über die Gleise. Zusätzlich sorgen immer mehr Privatbahnen mit ihren Fahrzeugen für Abwechslung. Vor wenigen Jahrzehnten gehörten dazu auch noch die Dampflokomotiven, die aber heute nur mehr bei Sonderfahrten oder Museumsbahnen bewundert werden können.

Die Vielfalt der Waggons ist im Vergleich zu den Lokomotiven noch viel größer. Während bei Personenwagen eine gewisse Einheitlichkeit im Erscheinungsbild besteht, ist bei den Güterwagen fast jeder ein Unikat. Durch Schmutzspuren eingefärbt und mit Wagenladung ausgestattet, sehen selbst zwei Güterwagen derselben Bauart verschieden aus.

Grundsätzlich gibt es bei den Loks und Wagen viele zum Nachbau lockende Vorbilder, doch der aufwändige Fahrzeugbau soll uns hier nicht beschäftigen. Im folgenden Kapitel stehen die Vorbilddetails im Mittelpunkt, die mit Hilfe der Erzeugnisse der Modellbahnindustrie problemlos nachgebaut werden können. Auch wenn diese Produkte mittlerweile sehr vorbildgetreu sind, lassen sie sich mit wenig Aufwand und geringen Kosten durch zusätzliche Details noch verbessern.

Ein scheinbar endloses Thema ist dabei die Beladung von Güterwagen, denn das Vorbild kennt die verschiedensten Transportgüter, von denen jedes seine eigenen Ladevorschriften in bestimmten Güterwagenarten hat. Das Erscheinungsbild der Züge wird durch die verschiedenen sichtbar beförderten Güter sehr abwechslungsreich und wirkt nie langweilig. Beim Beobachten eines vorbeifahrenden Güterzuges fallen Holz, Kohle, Schotter, Autos, Rohre, Maschinen oder Eisenbahnteile auf. Daher sollten die Güterzüge auf der Modellbahn realistischen Beladungsverkehr vortäuschen. Interessant sind im Modell nur die in offenen Waggons transportierten Güter, denn sie allein sind sichtbar und lohnen daher den Nachbau.

Auch bei Personenwagen bietet die Eisenbahn genügend Anregungen, bei denen eine Umsetzung für die Miniaturbahn lohnt. Allerdings gibt es aufgrund der Bauarten und ihrer jeweiligen Bestimmung deutlich weniger Varianten als bei den Güterwagen.

Selbst bei Lokomotiven finden sich immer wieder Details, die mit wenig Aufwand und geringen Kosten ins Modell umgesetzt werden können. Auch dazu finden sich nachfolgend einige Ideen, die sich leicht nachbauen lassen. Diese Anregungen sind dabei nur ein kleiner Ausschnitt aus der Wirklichkeit und wer sich die Zeit für einen Besuch bei der Eisenbahn nimmt, bekommt noch viel mehr Ideen für seine kleine Modellbahnwelt. Allerdings richten sich diese Vorschläge an den Praktiker in Sachen Modellbahn. Für die Sammler sind sie dagegen wenig geeignet, denn durch die Beschädigungen bei den Umbauten verlieren die Modellfahrzeuge erheblich an materiellem Wert, auch wenn sie an Aussehen und ideellem Wert gewinnen.

3.1 Lokpersonal

Das Vorbild

Jede Lokomotive benötigt einen Lokomotivführer, um die Maschine zu fahren und den Schienenweg mit seinen Signalanweisungen zu beobachten. Beim Betrieb von Dampflokomotiven war zusätzlich noch ein Heizer auf der Maschine, der vor allem dafür sorgte, dass die Maschine immer über ausreichend Dampf für die Fahrt verfügte und das Triebwerk gut geölt war. Der Arbeitsplatz des Lokpersonals war auf dem häufig ungemütlichen Führerstand, der direkt hinter dem Stehkessel lag. Dort war es einerseits heiß und andererseits, aufgrund der vielen Öffnungen, sehr zugig.

In modernen Diesel- oder Elektroloks sitzt der Lokführer in einem geschlossenen Führerstand auf einem bequemen Stuhl. Bei der Vorbeifahrt ist deshalb meist nur sein Oberkörper zu sehen.

Während das Lokpersonal auf den Dampflokomotiven im Blaumann seinen Dienst verrichtete, ziehen die heutigen Lokführer normale Dienstkleidung an.

Der Nachbau im Modell

Im Modell fahren die meisten Triebfahrzeuge leider ohne Personal durch die Miniaturwelten. Mit wenig Aufwand kann aber ein ansonsten perfektes Lokmodell noch erheblich in der Optik aufgewertet werden, wenn es mit Personal bestückt wird. Bei Dampflokomotiven befestigt man einen mit schwarzer Jacke bekleideten Lokführer mit Sekundenkleber gut sichtbar auf der rechten Seite des Führerhauses. Dabei kann er entweder am Regler stehen oder sich aus dem Fenster lehnen. Der Heizer hat seinen Platz entweder auf der linken Seite, beschickt das Feuer oder arbeitet am Tender. Bei Schlepptenderlokomotiven mit nach hinten offenen Führerhäusern reicht eine Pinzette, um die Figuren zu platzieren. Bei Tenderloks muss eventuell zur besseren Erreichbarkeit das Gehäuse demontiert werden. Je nach Innengestaltung benötigen die Figuren einen kleinen Zwischenboden. Bei Diesel- oder Elektrotraktion muss man ebenfalls das Gehäuse abschrauben, bevor ein Lokführer in sitzender Position in einem Führerstand eingeklebt werden kann.

Auch im Modell stehen auf dem Führerstand einer Museumsdampflokomotive ein Lokführer und ein Heizer, um die Maschine fachgerecht zu bedienen.

3.2 Tenderkohle

Das Vorbild

Eine Dampflokomotive benötigt Wasser und Kohle als Betriebsstoffe. Während das Wasser von außen nicht sichtbar in geschlossenen Vorratsbehältern eingelagert wird, liegt die Kohle im Tender. Sie ist damit von oben gut zu sehen. Dabei gibt es grundsätzlich einen wichtigen Unterschied: Bei Tenderlokomotiven ist dieser Vorratsbehälter direkt am Triebfahrzeug angebaut, während bei Schlepptenderlokomotiven Wasser und Kohle in einem fest mit der Zugmaschine verbundenen Spezialwagen mitgeführt werden – eben dem Schlepptender.

Im Bahnbetriebswerk (Bw) wurden die Loks versorgt und ihre Vorräte vor dem nächsten Einsatz bis an die Grenzen aufgefüllt. Wenn die Maschinen dann im Betrieb waren, nahmen die Vorräte stetig ab und der anfangs volle Tender leerte sich zusehends.

Der Nachbau im Modell

Im Modell fahren viele Dampflokomotiven mit angespritzter Plastikkohle auf prall gefüllten Tendern und sehen dadurch immer aus, als ob sie kurz zuvor das Bw verlassen haben. Oft wird der unter der Kohlenachbildung liegende Hohlraum benützt, um Motoren oder andere Technik unterzubringen. Dagegen eignen sich Modelle, deren Hohlraum leer ist, gut für einen Umbau in einen nicht mehr gefüllten Tender. Zuerst wird das Tendergehäuse abgebaut und mit einem Bohrer oder Fräser vorsichtig die bisherige Plastikkohle bis kurz vor den Rändern entfernt. Anschließend ist an diesen Stellen besondere Vorsicht geboten, und mit einer Schlüsselfeile werden die Spritzreste der Kohle bis zu den Ein-

Diese Lok ist seit dem Bekohlen schon viele Kilometer gefahren, denn der Heizer hat offensichtlich schon einiges an Kohle aus dem Tender in das Feuerloch geschaufelt.

fassungen und Wänden des Tenders eben gefeilt.

Im nächsten Arbeitsgang wird aus Plastikplatten oder Karton ein tieferer Boden – bei Bedarf auch Wände – eingepasst und angeklebt. Dabei ist zu beachten, dass der neue Boden und die Wände nicht größer als der Hohlraum sein dürfen, denn das Gehäuse muss am Schluss wieder passen. Danach wird der Innenraum mattschwarz lackiert und nach dem Trocknen eine Schicht pulverisierte Kohle eingefüllt, die man mit einem aufgetröpfelten Leim-Wasser-Spülmittel-Gemisch festgeklebt. Zum Schluss wird die Lokomotive wieder zusammengebaut und die Szenerie auf dem Tender eventuell mit einem Heizer belebt.

3.3 Ladegut aus Modelliermasse

Das Vorbild

Beim Güterverkehr gibt es viele verschiedene Ladegüter, die in den unterschiedlichsten Wagen transportiert werden. Unter anderem werden dabei auch Massengüter aller Art wie z.B. Kohle oder Sand befördert. Solange die Ladegüter dabei nicht nässeempfindlich sind, gehen sie in offenen Wagen auf die Reise und sind für den Betrachter gut sichtbar. Oft werden dabei solch große Mengen auf einmal verladen, dass ganze Güterzüge aus Schüttgutwagen auf die Reise gehen.

Der Nachbau im Modell

Das Ladegut Kohle oder Sand ist im Modell natürlich nichts Neues. Häufig wird dabei in den Wagen ein Unterbau aus Styropor eingebaut und dann oben eine dünne Schicht Kohle aufgeklebt. Allerdings ist es nicht ganz einfach bei Modellfahrzeugen, die z.B. als Vorbildtyp einen FAD- oder Talbotwagen mit unebenen Böden und Seitenwänden haben, diesen Unterbau zu installieren. Daher sei an dieser Stelle eine Methode mit weniger Aufwand beschrieben.

In Geschäften für Bastlerbedarf gibt es an der Luft aushärtende Modelliermasse in verschiedenen Arten, wobei wegen des späteren Wagengewichtes die sehr leichtgewichtigen Sorten bevorzugt werden sollten. Diese Masse lässt sich einfach bearbeiten und von oben in offene Güterwagen füllen, um dann mit einem Spachtel oder einem kleinen Schraubenzieher im Fahrzeug verteilt zu werden. Die Füllung en-

Mit Hilfe von lufthärtender und besonders leichter Modelliermasse können auch Modell-Güterwagen, die einen nicht normgerechten Innenraum besitzen, mit Massengütern beladen werden.

det dabei kurz unterhalb der Wagenoberkante, eventuell mit einer Anhäufung in der Mitte.

Nach mehrtägigem Trocknen erhält die Modelliermasse noch mit Dispersionsfarbe einen zum späteren Schüttgut passenden Anstrich. Danach wird die Masse mit Leim bestrichen und anschließend das gewünschte Schüttgut aufgestreut. Wenn nach einer Trocknungsphase das Ladegut nicht dicht genug sein sollte, wiederholt man einfach den letzten Arbeitsschritt, bis sich der gewünschte Erfolg einstellt.

3.4 Köf-Transport

Das Vorbild

Beim Güterverkehr ist die Eisenbahn nicht nur Dienstleister, sondern oft auch ihr eigener Kunde. Dabei sind die Güter, die verschickt werden, sehr unterschiedlich. Es kann sich z.B. auch um Teile von Kleinlokomotiven wie einer Köf 2, Vorbauten einer Altbau-E-Lok oder kleine Rangierdampflokomotiven handeln, die auf dem Weg zum Schrotthändler oder in das nächste Ausbesserungswerk sind. Als passende Beförderungswagen dienen hierbei Spezialwagen oder Flachwagen der Gattungen SSy. Außer der entsprechenden Tragfähigkeit ist beim Beladen auch noch auf die Freihaltung des Lichtraumprofiles und wie bei allen Ladungen auf eine rutschfeste Befestigung mit Keilen und Ketten zu achten.

Der Nachbau im Modell

Ein Köf 2-Gehäuse der Nenngröße N, das in der Bastelkiste gelandet war, gab den Anstoß zu dieser kleinen Bastelei. Hinzu kamen noch ein passender Flachwagen der Gattung Rlmmp, ein

Hier ist die Bahn ihr eigener Kunde. Doch ob die Reise der Köf zum Schrotthändler oder in ein Ausbesserungswerk geht, wissen wir nicht.

paar Streichhölzer, Farbe und eine feingliedrige Kette. Ausgerüstet mit diesen Utensilien wurde schließlich eine z-gestellte Kleinlok als Ladegut auf die Reise zum Schrotthändler geschickt.

Doch bevor es auch auf anderen Modellbahnanlagen so weit ist, sind einige Arbeitsschritte vonnöten: Zunächst altert man das Gehäuse in entsprechenden Rost- und Grautönen und streicht nach dem Trocknen die Anschriften am Gehäuse mit einem dünnen weißen Lackstift durch. Aus den Streichhölzern entstehen durch entsprechendes Ablängen auf die Breite des Flachwagens Balken zum Unterlegen des Gehäuses, die ebenfalls eingefärbt und dann mit Sekundenkleber auf den Wagen geklebt werden. Darauf wird die Schrottlok befestigt und mit zusätzlichen Keilen sowie Balken aus Holz gesichert. An den vier Außenecken der Köf werden noch kurze Stücke der Kette angeklebt und mit den Ecken des Flachwagens verbunden. Wenn sich die Ladehöhe bei einer Prüfung als profilfrei erweist, kann der erste Köf-Transport beginnen.

3.5 Ein Rungenwagen als Bauzugwagen

Das Vorbild

Bauzüge sind nicht nur beim Neubau von Eisenbahntrassen, sondern auch bei der Erneuerung und Instandhaltung sowie dem Umbau von Gleisanlagen im Einsatz. Zu diesem Zweck wird eine Menge diverser Bauzugwagen vorgehalten, die im Bauzugverband – manchmal auch einzeln in Güterzüge eingestellt – für viel Rangierbetrieb sorgen. Der hier vorgestellte Bauzugwagen verkehrt in den Epochen 4 und 5. Die Ladevorschläge lassen sich in allen Epochen verwenden.

Dieser Bauzugwagen wird ab 1980 eingesetzt, er entstand aus dem häufig vorhandenen Kbs 442 Rungenwagen. Der Umbau ist leicht im Modell umzusetzen, lediglich die Rungen sind

Gleich geht's los: Der Kbs 442 aus dem Sortiment der Firma Roco und die Baumaterialien liegen bereit zum Umlackieren und Umbeschriften. Vorher müssen die Autoren allerdings noch ein Erinnerungsfoto machen.

zu entfernen, zudem muss eine gelbe Kontrastfläche auf die Seitenflache im Bereich der Bauartbezeichnung und darüber auflackiert werden. Den Abschluss des Umbaus bildet die neue Beschriftung, die von Kbs 442 in U-x 152 und in die Nummernreihe 942 0 270 bis 757 geändert wird. Zum vorbildgerechten Einsatz benötigt der Waggon noch besonderes Ladegut, das von Baumaterial, Werkzeug und Kabeltrommeln über Abraum bis hin zu Fahrmotoren und Achsen für den internen Aw-Verkehr reicht.

Der Nachbau im Modell

Neben den Tipps für den speziellen Wagenumbau wird an dieser Stelle auch kurz auf die Fahrzeugalterung eingegangen. Grundlage dieser Bastelei ist das H0-Modell eines Rungenwagens der Gattung Kbs 442 (Roco Nr. 46306); es kann auch ein ähnliches Modell auf gleicher Basis verwendet werden.

Nach dem Abbau der Rungen und der Bremserbühne klebt man das Modell im Bereich der

Vom Kbs zum U-x bedarf es nur eines geringen Aufwandes: Fertig gealtert steht ein neues Fahrzeug bereit für den universellen Bauzugdienst.

Die erste Ladung des U-x: Bauschutt auf dem Weg zur Entsorgung.

alten Bauartbezeichnung und der Typnummer so ab, dass ein Streifen in Beschriftungsbreite und in der Höhe der kompletten Seitenwand frei bleibt. Nach dem Entfetten wird diese Fläche in einem kräftigen Gelb gestrichen oder gespritzt. Wenn die Farbe trocken ist, folgt die Neubeschriftung. Bei diesem Modell muss die Beschriftung in Schwarz auf dem gelben Grund vorgenommen werden. Ausgangsmaterial für die Beschriftung ist der Universalbeschriftungssatz Nr. 2038 der Firma TL-DECALS, der im Eisenbahn- oder Fahrzeugmodellbaugeschäft erhältlich ist. Die passende Beschriftung wird zusammengestückelt und ist zweireihig. Die obere Reihe lautet: 942 0 xxx (xxx = Seriennummer des Wagens von 270 bis 757), hier 942 0 651. Die Buchstaben- und Zahlenkombination der unteren Reihe heißt U-x 152. Die Ziffern der 152 sind im Vorbild sehr klein angebracht und im Modell so nicht umsetzbar, daher wurde auf sie verzichtet.

Als nächster Bauschritt folgt die Alterung des Modells. Güterwagen sind beim Vorbild hohen Belastungen ausgesetzt, das zeigt der Zustand des Lacks. Ältere Wagen besitzen zahlreiche Lackausbesserungen, die meist einem Flickenteppich gleichen. Letzterer lässt sich mit etwas Geschick und künstlerischer Freiheit nachbilden. Ausgehend von einer passend angemischten Farbe werden hellere oder dunklere Töne abgetönt und die Lackausbesserungen verschiedenfarbig lackiert, wobei auch die gleichzeitige Ausbesserung mehrerer »Lackschäden« in derselben Farbe vorgenommen werden kann. Ebenfalls sollte auf ein geradliniges und rechtwinkliges Aussehen der Ausbesserungen geachtet werden.

Sind die Ausbesserungen getrocknet, kann der Wagen mit stark verdünnter dunkelgrauer Farbe zusätzlich gealtert werden. Die weitere Alterung mit Pulverfarben statt der flüssigen Farbe ermöglicht jedoch feinere Differenzierungen in der Betriebspatina. Die im Künstlerbedarf erhältlichen Pastellkreiden von Theaterschminke eignen sich aufgrund der Weichheit und der vorhandenen Farbtöne besonders gut. Sie werden mit einem Borstenpinsel aufgebracht und setzen sich in Vertiefungen oder an Kanten ab. Die Pulverfarbenalterung erfordert allerdings einen schützenden Überzug mit mattem Klarlack aus der Sprühdose oder der Airbrush-Pistole.

Die Alterung vollzieht sich in folgenden Arbeitsschritten: Von unten beginnend werden das Untergestell, die Achslager und der Fahrzeugrahmen mit braunrostigen Farbtönen verschmutzt; die Achslager können zusätzlich noch mit einer rostfarbenen Nachbildung des Bremsabriebs versehen werden. Der Aufbau erhält etwas dunkler und rußiger getönte Farbspuren: Dampflokqualm, Dieselruß oder Oberleitungs-

Die zweite U-x Ladung: Dienstgut, hier ein Zwei-Wege-Bagger, der mit dem ebenfalls transportierten Schotter zum nachschottern eines Ladegleises verwendet wird.

abrieb hinterlassen schwarzgraue Verschmutzungen. Fließspuren von Regenwasser sollten ebenfalls nicht vergessen werden.

Die Bohlennachbildung des Ladebodens beansprucht eine besonders dreckige und ölige Alterung. Zum Schluss können noch die Kanten am Fahrzeug hellbraun herausgearbeitet und die Bremsumstellhebel abgesetzt werden (vgl. S. 172). Die vorgestellten Beladungen des Bauzugwagens sind Bauschutt und Baumaterial mit Bagger. Die Grundlage der wechselbaren Ladung besteht aus einer 0,5 mm starken Kunststoffplatte, die ganzflächig oder nur in den sichtbaren Teilen des Ladebodens mit Limbafurnierstreifen beklebt wird. Die Abraumladung eines abgebrochenen Bahngebäudes wird aus Gipsbruchstücken hergestellt, die abgebrochenen Kanten der Gipsstücke ergeben eine vorbildliche Oberfläche und sollten in der gewählten Farbe des Abraummaterials gefärbt sein. Sie werden einfach auf die Platte geklebt und mit feinem Sand sowie erdfarbenen Woodlandflocken zu einer kompakten Ladung gestaltet und mit Weißleim aneinander geheftet.

Nach dem Trocknen wird die Ladung vorsichtig entfernt und nochmals nachgeleimt. Die zweite Ladung ist Sand oder Schotter des im Bauzugdienst stehenden Wagens, sie wird mit einem auf dem Wagen stehenden Bagger entladen und verteilt. Oft sind mehrere U-x 152 zusammengekuppelt, so dass der Bagger über die heruntergeklappten Stirnwände die gesamte Länge des Zuges befährt.

Nun fehlt nur noch die Ladung: Aufbauend auf die Kunststoffgrundplatte der Ladung sollte im Bereich des Baggers der Holzbohlenboden nachgebildet werden und mit ein wenig Sand ausgestaltet sein. Im Arbeitsbereich des Baggers wird feiner Sand aufgehäuft und wiederum mit Weißleim fixiert. In den feuchten Sand werden nun Baggerschaufelspuren gedrückt. Auch die Ladung wird im ausgebautem Zustand nochmals befestigt.

Nach dieser Originalvorlage werden die Bremsumstellhebel farblich hervorgehoben.

3.6 Farbakzente

Das Vorbild

Die vorgestellte Superung von Eisenbahnmodellen bezieht sich auf das farbliche Hervorheben von angespritzten Details wie Bremsumstellhebel und Hebehaken. Die Druckluftbremsen an Eisenbahnwagen sind komplizierte Einrichtungen. Bedenkt man die Masse, die es zu bewegen gibt, und die Vielzahl der Zugarten, ist dies auch nicht verwunderlich. Die Vorrichtungen zum Um- und Einstellen der Bremsart, des Wagengewichtes, oder zum Ausschalten der Bremse sind in den meisten Fällen unter dem Längsträger, bei Personenwagen auch in einer Schürze am Längsträger, angebracht. Allen gemeinsam ist die mechanische Funktion über Stellstangen und Zahnräder.

Wie bereits erwähnt wird die Bremswirkung dem Wagengewicht angepasst, dies ist der große sechseckige Schalter mit dem roten Hebel auf weißem Grund. Oft ist die Schaltergrundfläche rot umrandet. Zeigt der Hebel nach rechts, ist der Wagen beladen, steht er am linken Anschlag ist der Wagen leer. Der nächste Umstellschalter ist der G-P Wechselhebel, der ebenfalls weiß und dessen Stellhebel gelb ist. Er weist wie der Lastwechselschalter nach oben, ist aber kleiner und rechteckig. Der Steller dient zum Einstellen der Bremsart und regelt so die Wirkung der Bremse. Der dritte Einstellhebel dient zum Ausschalten der Bremse, seine Grundfläche ist ebenfalls weiß und rechteckig. Weist sein Stellhebel nach unten, dann ist die Bremse eingeschaltet, weist er nach links, dann ist die Bremse abgestellt.

Neben den Bremsumstellhebeln weisen besonders Güterwagen noch verschiedene Details auf, die sich farblich hervorheben lassen. So sind die angeschweißten Ösen für die Seilwinden oft in Warngelb hervorgehoben ebenso wie die Handbremsräder, die an den Seitenflächen mancher Güterwagen angebracht sind.

Ein alter Behelfspackwagen der Bauart MD im Maßstab 1:87, an dem die farblich abgesetzten Bremsumstellhebel besonders deutlich zu erkennen sind.

Der Nachbau im Modell

Um Modellbahnwagen mit diesen Farbakzenten zu versehen, genügen die entsprechenden Farben Mattweiß, Rot und Gelb sowie je ein Pinsel der Größe 1 und 5-10 0, die im Künstlerfachbedarf erhältlich sind. Die feinsten Pinsel sollten aber vor dem Kauf auf eine scharfe Spitze hin begutachtet werden.

Nicht jeder Wagen besitzt alle vorgestellten Umstellhebel, an Personenwagen dürfen die Kranhaken und Handbremsräder ebenfalls nicht abgesetzt werden. Sind die entsprechenden Details ausgewählt, wird die zu lackierende Fläche vorsichtig mit sehr wenig Alkohol entfettet. Zuerst werden die Grundfarben – bei den Umstellhebeln weiß, bei den Haken gelb –, auflackiert. Nach dem Trocknen werden die Details der Bremsumstellhebel mit einem feinen Pinsel abgesetzt und gegebenenfalls Fehlstellen in den Lackflächen ausgebessert. Um eine saubere Deckung der gelben Lackflächen zu erreichen, ist es eventuell nötig, zwei oder drei Lackschichten aufzutragen. Diese einfachen Lackierarbeiten sichern ihnen den Dank ihrer Modellrangierer und stellen ein weiteres einfaches Detail dar, das die Gesamtwirkung ihrer Modellbahnanlage verbessert.

3.7 Holzhackschnitzel

Das Vorbild

Holzabfälle werden nicht weggeworfen, sondern weiterverwertet. In geschredderter und zerspanter Form eignen sie sich bestens zur Zellulosegewinnung oder der Herstellung von Spanplatten. Der Transport dieser Hackschnitzel erfolgt meist in großen Eaos oder bauartähnlichen Güterwagen. Die Hackschnitzel sind relative Leichtgewichte, daher sind die Güterwagen oft bis an die obere Grenze der Wände beladen. Die Transportsicherung der Ladung erfolgt mit einem Netz, das an der unteren Kante der Obergurte des Güterwagens eingehängt ist.

Der Nachbau im Modell

Der H0-Güterwagen wird bis kurz unter die obere Kante der Ladebordwände mit hartem Schaumstoff gefüllt, der zuvor passend zugeschnitten wurde. Die Hackschnitzel entstehen aus Streumaterial, das vorbildgerecht auf Holzbasis gefertigt wurde. Das hier verwendete Streumaterial von Noch (Nr. 08440 Acker) wur-

Bei dieser Hackschnitzelladung ist die Netzabdeckung im Eaos nicht ganz vorbildgerecht angebracht, dafür ist sie aber mitsamt dem Schaumstoff-/Späneeinsatz problemlos auszuwechseln.

de zuerst deckend auf die obere Fläche des Schaumstoffgrundes geleimt. Im zweiten Schritt streute man die bekannte Hügelform einer Schüttladung auf die getrocknete Ladung und fixierte sie mit einem Wasser-/Leimgemisch. Das dunkelbraune Ladegut erhielt einen hellbeigen, tannenholzfarbigen Anstrich. Auf die noch feuchte Farbe streut man etwas originalbraunes Streumaterial, um mitgehäckselte Baumrinde zu imitieren. Der fachgerechte Modelltransport sollte ebenfalls mit einem Netz, im Modell aus feinstem Draht gefertigt, gesichert werden. Dieses Netz entsteht aus dem gleichen Ausgangsmaterial wie der Maschendrahtzaun (siehe Seite 231). Nachdem man es auf die ermittelte Größe, die je Seite ca. 10 mm größer als das Außenmaß des Güterwagens sein sollte, zurechtgeschnitten hat, wird es grau gefärbt und um den vorbereiteten Hackschnitzeleinsatz gefaltet sowie seitlich am Schaumstoff mit Klebeband gesichert. Diese nicht ganz vorbildgerechte »Verspannung« des Netzes gewährleistet die Auswechselbarkeit der Ladung.

3.8 Schluss-Signal Zg 3 – das Nachtzeichen

Das Vorbild

Beim Signal Zg 3 handelt es sich um das so genannte Schluss-Signal, das den Schluss des Zuges kennzeichnete. Bei den Eisenbahnfreunden ist es besser bekannt unter dem Namen Oberwagenlaterne. In den Epochen 2 und 3 waren die petroleumbefeuerten Oberwagenlaternen noch überall anzutreffen. Ihr einfacher Aufbau und variable Einsatzmöglichkeiten als Schluss-Signal am Zug, Detail auf dem Bahnsteig des Modellbahnhofes oder einem Bw machen sie zu einem interessanten Vorbild.

Die Oberwagenlaterne besteht aus einem rechteckigen Grundkörper mit den Maßen 24 x 18 x 18 cm; 21 cm ab der Unterkante ist das Rechteck mit einem 2 cm Radius abgerundet. In der Mitte des Gehäuses befindet sich die Petroleumlampe, die je eine klare und eine rote Glas-

Der Vergleich der H0 Modellfigur bringt die zierliche Wirkung der Oberwagenlaterne besonders zur Geltung. Die Baumaterialien sorgen für einen einfachen und kostengünstigen Aufbau.

Die Oberwagenlaterne ist nicht nur auf dem Dach eines Modellwagens, sondern auch bei der Ausgestaltung eines Bahnhofes ein nettes Detail.

scheibe durchleuchtet, die sich gegenüber in den Seitenwänden befinden. Die Seite mit der hellen Scheibe ist als vollflächige Türe ausgeführt. Im Zugbetrieb muss die Laterne so angebracht werden, dass von hinten das rote und von vorn das helle weiße Licht sichtbar ist, und zwar je Zugseite eine Laterne. Dies ist das so genannte Nachtzeichen.

Auf den beiden anderen sich gegenüberliegenden Seiten sind weiße und rote Dreiecke aufgemalt, die das so genannte Tageszeichen bilden. Die Laterne besitzt an ihrer Oberseite einen runden Kamin, der 13 cm lang ist, sein Durchmesser beträgt 9 cm. Des Weiteren ist ein rechtwinkliger, 20 cm langer Haltebügel aus Draht am oberen Boden der Laterne befestigt. Die Unterseite der Laterne besitzt vier 10 x 5 cm große Halterungen, die zur Befestigung am Wagen dienen bzw. dem sicheren Stand der Laterne auf dem Bahnsteig.

Der Nachbau im Modell

Im Modell lässt sich die unbeleuchtete Oberwagenlaterne aus Resten problemlos nachbilden,

Schon im Rohbau überzeugen Baumaterialien und Größenwirkung der Schluss-Signale Zg 3 und Zg 4. Im Maßstab 1:87 sind ihre Details problemlos realisierbar.

aufgrund der Feinheit sollte aber die Nenngröße TT (Maßstab 1:120) die untere Grenze darstellen. Das Modell wurde in der Nenngröße H0 (Maßstab 1:87) nachgebaut. Die Baumaterialien sind ein 2,7 x 2,4 x 2,4 mm großer Grundkörper aus zurechtgefeiltem Kunststoffprofil und ein 1 mm dicker, auf 2 mm abgeschnittener Nagel, aus dem der Kamin entsteht. Der Bügel besteht aus 0,2 mm starkem Messingdraht und wird zu einem 2 x 2,5 x 2 mm großen U gebogen. Die vier Halter am Boden werden aus 1,1 x 0,6 mm großen und 0,5 mm dickem Kunststoff gefertigt.

Der Bau beginnt mit dem Grundkörper, den man während der einzelnen Arbeitsschritte mit einer Pinzette hält. An seiner Oberseite werden nun die Kanten mit einer Feile gebrochen sowie mittig ein 1 mm großes Loch gebohrt; es sollte ca. 1 mm tief sein. In dieses Loch wird jetzt der Nagel gesteckt, so dass er 1,5 mm aus dem Grundkörper heraussteht. Den Bügel klebt man nun an den Deckel der Laterne, so dass er oberhalb an den Seiten, auf die später die roten und weißen Dreiecke des Tageszeichens gemalt werden, sitzt. Die Halter werden jetzt mittig je Seite an das untere Teil der Laterne geklebt. Nun lackiert man die Laterne in Seidenmattschwarz, die beiden Glasscheiben des Nachtzeichens werden mit roter und silberner Farbe nachgebildet. Die Tageszeichen werden mit sehr ruhiger Hand und einem feinen Pinsel ebenfalls auflackiert.

Die Oberwagenlaterne kann am Zugschluss eingesetzt werden, sie eignet sich aber besonders zur Detaillierung der Modellszenerie. Ein geeignetes Preiserlein, das die Laterne trägt, oder eine Gruppe abgestellter Laternen vor dem Bahnhofsgebäude haben ebenfalls ihren Reiz.

So sieht das Schluss-Signal Zg 3 an einem sehr modernen Museumswagen aus.

3.9 Zg 3 und Zg 4 – Schluss-Signal und vereinfachtes Schluss-Signal

Das Vorbild

Die Lok- und Zugschluss-Signale ermöglichen es den Eisenbahnern, einen vorbeifahrenden Zug auf seine Vollständigkeit zu überprüfen. Außerdem kennzeichnen sie die Fahrtrichtung, da sie immer am Ende des Zuges oder Fahrzeuges angebracht sein müssen. Es gibt zwei einfache unbeleuchtete Ausführungen, die selbstverständlich nur am Tage gültig sind. Dabei handelt es sich zum einen um das Signal Zg 4, das vereinfachte Schluss-Signal. Es ist eine runde Scheibe mit 31 cm Durchmesser. In der Mitte der Scheibe ist eine 26 cm große rote Signalfläche auf dem weißen Grund der Scheibe auflackiert. Die Rückseite der Scheibe ist dunkelgrau gestrichen. Die Scheibe wird mit einem ca. 30 cm langen, nach oben gebogenen Flacheisen am Kupplungshaken etwa in Pufferhöhe eingehängt.

Der Zugschluss, das Schluss-Signal Zg 3, muss bei jedem Zug beidseitig an der Rückseite des letzten Wagens in gleicher Höhe angebracht sein. Bei Tage ist dafür keine Oberwagenlaterne notwendig (vgl. Abschnitt 3.8), sondern es genügt eine Scheibe. Diese besteht aus einer rechteckigen 23 x 16,5 cm großen Grundfläche, einem 9 x 5 cm großen Einsteckdorn und einem oberen Handgriff mit den Maßen 14 x 7 cm. Die Signalfläche ist mittig auf die Grundfläche geklebt oder lackiert. Sie ist 20 x 15 cm groß und besteht aus einer weißen oder reflektierenden Grundfläche mit zwei jeweils von oben und unten spitz aufeinander zulaufenden roten Dreiecken. Die Scheibe ist weiß lackiert. Beide Scheiben sind aus dünnem Blech gefertigt.

Der Nachbau im Modell

Der Modellnachbau ist aufgrund der feinen Teile nur in Modellmaßstäben ab der Nenngröße H0 empfehlenswert. Die runde Schluss-Scheibe des vereinfachten Schluss-Signals kann aus einem weißen Spritzlingsrest geschnitten werden, der ca. 3,6 mm groß ist. Die rote Signalfläche wird mit ruhiger Hand und einem feinen Pinsel aufgemalt bzw. mit einem roten Lackstift aufgetupft. Der Haltebügel ist aus einem 6 mm langen und 0,5 mm starken Draht gebogen, der an der Rückseite festgeklebt wird. Die Biegung an der Oberseite des Drahtes muss allerdings »modellbahnsicher« vergrößert ausgeführt werden.

Der Wagenschluss wird aus einer 2,7 x 2,0 mm großen und 0,5 mm dicken Kunststoffplatte gefertigt. Der obere Griff wird aus 0,5 mm Draht gebogen, so dass er 1,6 x 1 mm groß ist.

Achtung, dieser Wagen ist mit Personen besetzt! Darauf weist die gelbe Flagge, das Signal Fz 2, hin. Sie besagt darüber hinaus, dass der Waggon nur vorsichtig rangiert werden darf.

Aus dem gleichen Material wird die Attrappe des 1 mm langen Aufnahmedornes gefertigt, der mittig an die Unterseite geklebt wird. Ist der Kleber getrocknet, wird die Scheibe weiß lackiert. Die Signalfläche wird aus zwei mit der Spitze gegeneinander gestellten Dreiecken nachgebildet. Sie sind jeweils 1,3 x 1,2 mm groß und werden aus rot lackiertem, dünnen Papier oder selbst klebender Bespannungsfolie aus dem Flugzeugmodellbau mit einem scharfen Messer herausgeschnitten. Anschließend klebt man sie auf die Schluss-Scheibe. Die Schluss-Scheibe kann ablösbar in Höhe der Schlusslichter mit ablösbarem Fotoklebstoff befestigt werden.

3.10 Signal Fz 2 – Gelbe Flagge

Das Vorbild

Das Flaggensignal Fz 2 verweist auf einen mit Personen besetzten Schlaf-, Speise-, Bahnpost-, Gefangenen- oder Bauzugwagen, der sich nicht im Zugverband befindet und deshalb nur vorsichtig rangiert werden darf. Früher trugen hauptsächlich Bahnpostwagen, in denen gearbeitet wurde, diese Fahnen, in der heutigen Zeit können sie noch an Bauzugwagen, speziell bei Wohn- und Schlafwagen, oder bei Bürowagen entdeckt werden.

Die 40 x 40 cm große Flagge ist gelb und auf ein Halterohr aufgezogen. Sie wird in einen Halter, der neben einer Einstiegs- oder Ladetüre am betreffenden Wagen unterhalb des Daches angebracht ist, eingesteckt. Das Tageszeichen muss beidseitig an jeder Längsseite vorhanden sein.

Der Nachbau im Modell

Die Modellflagge setzt sich im Maßstab 1:87 aus gelb lackiertem Papier mit den Maßen 4,6 x 4,6 mm sowie einer Kombination aus Fahnenstange und Halter zusammen, für die man einen Draht mit einer Stärke von 1 mm verwendet. Das bedeutet, dass Stange und Halter im Modell aus *einem* Drahtstück bestehen. Der eigentliche Trick betrifft das Befestigen der Fahne am Wagen: Das Drahtstück wird am Halterende mit ablösbarem Fotoklebstoff – z.B. dem Herma Foto-Klebstoff – am Wagen fixiert. Der Kleber lässt sich ohne Rückstände wieder vom Originallack des Waggons entfernen.

Das Drahtstück, aus dem Fahnenstange und Halter entstehen, sollte 7 mm lang sein. Fünf Millimeter beansprucht die Stange, während die restlichen 2 mm für den Halter verbleiben. Letzterer wird im 60°-Winkel nach oben gebogen sowie – der besseren Auflagefläche wegen – etwas flach gefeilt. Im nächsten Arbeitsschritt wird das komplette Bauteil dunkelgrau lackiert, anschließend erhält der für den Halter vorgesehene Abschnitt die Lackierung des betreffenden Waggons. Schließlich wird die Fahne so an die Stange geklebt, dass sie mit dem Halter abschließt. Sie sollte nach unten hängend gefaltet werden. Danach wird das Signal mit Hilfe des Foto-Klebstoffes am Modell fixiert.

Diese ablösbare Art der Befestigung ermöglicht es, das Fahnensignal nicht ganz vorbildgerecht aber beschädigungsfrei und ohne Bohrloch am Wagen zu befestigen.

4. Hinterm Bahnhof

Wo die Gleise enden

Es gibt nur wenige Modelleisenbahner, die auf ihren Anlagen, Modulen oder Dioramen ausschließlich den Schienenstrang und Bahnhöfe darstellen, ohne das Umfeld links und rechts der Gleise nachzubauen. Die meisten ihrer Hobbykollegen bilden dagegen auch die Landschaft in unmittelbarer Nähe des Bahndamms nach. Dabei entstehen große Nadelwälder, erntereife Getreidefelder oder Fernstraßen entlang der Eisenbahnstrecke.

Gebäude in der Nähe von Bahnhöfen können jedoch eine Siedlung, eine Stadt oder ein Dorf andeuten, die dem Bahnhof erst seine Daseinsberechtigung geben. Damit diese Wohngebiete vorbildgerecht wirken, sollte bereits vor dem Kauf gut überlegt werden, welche Häuser man erwirbt, denn das Angebot der Modellbahnindustrie ist umfangreich. Vor der Auswahl wird deshalb zuerst die Landschaft festgelegt, durch die auf der Anlage später die Züge rollen. Nach dieser Entscheidung erkundet man die Baustile der gewählten Vorbildregion, denn ein nordfriesisches Reetdachhaus gehört ebenso wenig ins Alpenvorland wie ein Schwarzwaldhäuschen ins Ruhrgebiet.

Anschließend werden die Größe des Bahnhofes und der angrenzenden Siedlung aufeinander abgestimmt. Fehler, wie das Bahnhofsgebäude einer schwäbischen Nebenbahn in einer Großstadt oder Bauernhäuser am Bahnhof Bonn, werden so vermieden. Wenn man diese Grundregeln beim Aufbau einer Siedlung berücksichtigt, wirkt sie später meist recht überzeugend.

Kirchstraße

Modellbahner, die etwas mehr Abwechslung auf ihre Anlage bringen wollen, lackieren die Bausätze vor dem Zusammenbau in anderen Farben oder ändern durch Umbauten, dem so genannten *kit-bashing*, das äußere Erscheinungsbild. Dies gibt der Modellbahnanlage eine persönliche Note, denn Einzelstücke, bei denen später dem Betrachter nicht sofort Hersteller und Bausatznummer einfallen, beeindrucken jeden Besucher.

Doch auch mit weniger Aufwand lässt sich die Modellbahnwelt mit Hilfe einiger Kleinigkeiten individuell gestalten. Denn eine Siedlung besteht nicht nur aus Häusern, Gärten und Wegen, sondern aus vielen Einzelheiten, die nur auf einen Nachbau im Modell warten. Da gibt es Hobbygärtner, die ihre Obstbäume mit Holzlatten abstützen oder mit Netzen gegen Vögel schützen. Einige Gemüsesorten wie Bohnen oder Tomaten ranken an Holzstangen empor. Ein Eigenheimbesitzer schützt sein Grundstück mit einem Holzzaun und einer Hecke vor unerwünschten Besuchern und neugierigen Blicken. Während die Mülleimer eines Einfamilienhauses in passenden Boxen verstaut sind, verstecken sich in dem angrenzenden Mehrfamilienhaus die silbernen Müllcontainer hinter einer Wand aus grün lackierten Holzpfählen. Die Stellplätze daneben sind als Eigentum der Hausbewohner mit dem jeweiligen Autokennzeichen markiert. Auch auf dem Dach erkennt man, dass es sich um ein Mehrfamilienhaus handelt, denn dort sind mehrere Satellitenschüsseln montiert.

Solche Feinheiten sind beim sonntäglichen Spaziergang mit der Familie ebenso zu entdecken wie beim Blick vom eigenen Balkon in die Nachbarschaft. Die Umsetzung ins Modell geht bei Motiven aus Wohngebieten relativ einfach und ist auch für weniger geübte Modellbauer gut geeignet, da es im Vergleich zu den anderen Bauvorschlägen in diesem Buch wenige Regeln einzuhalten gilt. Die Hausbauer und Gartenbesitzer haben im richtigen Leben mit viel Improvisationskunst ihre Bauwerke oder Pflanzungen den Platz- und Geländeverhältnissen angepasst. Aus diesem Grund fallen Bauabweichungen im Modell kaum auf, außerdem kommt es im Kleinen mehr auf die Gesamtwirkung des Modell-Ensembles an.

Noch ein Tipp zum Schluss: Wer die ausgewählten Vorbilder für den Nachbau fotografieren oder gar ausgemessen will, der sollte hierzu die Zustimmung des Grundstückbesitzers einholen, um eventuellem Ärger aus dem Weg zu gehen.

4.1 Abgaskamin

Das Vorbild

Während in früheren Zeiten die Dachlandschaften einer Gemeinde mit Kaminen der Holz- oder Kohlefeuerungen geprägt waren, verwendet man heute vor allem bei größeren Wohnanlagen andere Brennstoffe. Dazu zählt auch das Erdgas, das in Zentralheizungen von Mehrfamilienhäusern aufgrund der sauberen Verbrennung und der preislichen Alternative zu Heizöl oft verwendet wird. Nicht nur Neubauten werden damit ausgerüstet, sondern auch viele ältere Häuser.

Den nachträglichen Einbau einer Gasheizung zeigt außen häufig ein silbernes Rohr, das in ein bis zwei Meter Entfernung neben einer Hauswand steht und mit Streben daran befestigt ist. Dieses Kaminrohr aus Metall endet ungefähr in Giebelhöhe des Hauses und entsorgt die bei der Gasheizung angefallenen Verbrennungsgase in die Luft. Das Rohr führt nach unten in den Heizungskeller entweder durch einen Schacht, den nach oben ein Gitter abdeckt, oder ist direkt in Beton eingelassen.

Der Nachbau im Modell

Nicht nur beim Vorbild lassen sich diese Kamine nachträglich anbauen, sondern auch an die modernen Mehrfamilienhäuser auf der Modellbahnanlage. Der Kostenaufwand und auch der Zeiteinsatz ist minimal, denn es werden lediglich ein dünnes Rohr, Draht und überzählige Plastikteile benötigt.

einmal um das Rohr herum gelegt werden. Vorsicht und wenig Kraft ist hierbei nötig, denn die Drähte sollen zwar das Rohr stützen, aber zu viel Zug bringt das Rohr leicht aus der senkrechten in eine schiefe Lage.

Dieses silberne Abgasrohr hat man an den Balkonvorsprüngen befestigt. Es geht über einen Schacht nach unten in den Keller, der mit einem Gitter auf Bodenhöhe abgedeckt ist.

Vor dem Einbau wird zuerst eine passende Hauswand ausgewählt und dort ein kleines Fundament neben der Wand gelegt. Eine rechteckige graue Plastikplatte bildet einen Betonuntergrund nach. Alternativ dazu kann auch aus kurzen rechteckigen Plastikprofilen ein Rahmen gefertigt und in diesen ein passendes Gitter eingeklebt werden. Danach wird das Rohr entsprechend der Giebelhöhe abgelängt und mit silberner Farbe lackiert. Gleichzeitig bohrt man in der Hauswand zwei bis drei kleine Löcher im gleichen Abstand zueinander und parallel zum Aufstellort des Kamins.

Nach dem Trocknen der Farbe wird das Rohr senkrecht auf das Fundament aufgeklebt. Nun fixiert man kurze Drahtstücke in die Löcher der Wand, die waagerecht zum Rohr geführt und

4.2 Lärmschutzwand

Das Vorbild

Um die Wohnqualität der Bürger zu steigern, werden heutzutage in vielen Städten an stark befahrenen Straßen oder Schienen Lärmschutzwände gebaut. Je nach vorhandenem Platz wird dabei ein Wall parallel zur Verkehrsachse angeschüttet oder nur eine senkrechte Wand hoch gezogen. Auch die Kombination eines Walls mit einer daraufgesetzten Wand ist zu finden.

Als Baumaterialien für den Wall dienen meist Erde oder Schutt, während für die Wand Glas, Holz, Kunststoff, Mauerwerk oder auch begrünte Natursteine verwendet werden. Mit manchen Baumaterialien werden durch ihre verschiedenen Farben sogar Muster dargestellt. Die Wände sind meist über zwei Meter hoch und bestehen aus einzelnen Abschnitten, die ein Pfosten oder Pfeiler voneinander trennt. Normalerweise hat die Wand durchgehend dieselbe Höhe, mitunter passt sie sich aber in ihrem Verlauf auch unebenem Untergrund an und gleicht diese Höhenunterschiede treppenartig aus. Oft sind diese Lärmschutzwände innerhalb von Städten noch mit Pflanzen begrünt, um sie baulich besser in die Umgebung zu integrieren.

Der Nachbau im Modell

Auch auf Modellbahnanlagen der Epoche 5 kann entlang größerer Straßen oder Eisenbahnstrecken durch Wohngebiete eine Lärmschutzwand gebaut und damit die Wohnqualität der Miniaturmenschen gesteigert werden. In Verbindung mit einem ansteigenden Hang bildet so

Nicht nur für den Schall stellt eine Lärmschutzwand ein Hindernis dar, auch die beiden Autoren müssen weite Wege zurücklegen, um auf die andere Seite zu gelangen.

Um die Anwohner einer stark befahrenen Straße vor Lärm zu schützen, errichtete man eine Lärmschutzwand. Auffallend die Mischbauweise aus Holz, Glas und Stein.

eine Wand einen guten Übergang zur Hintergrundkulisse, auf der eine Stadt oder kleinere Ortschaft dargestellt ist.

Der Nachbau beginnt mit der Wahl des Materials, denn so vielfältig wie die Vorbildbaustoffe sind auch die Baumaterialien im Modell. Dabei können Plexiglasteile für Glasscheiben ebenso wie Strukturplastikplatten für Mauerwerk oder grauer Karton für Betonwände verwendet werden. Diese Ausgangsbaustoffe werden in Streifen gleicher Breite geschnitten, von denen dann Stücke mit einer späteren Höhe von umgerechnet zwei bis vier Vorbildmetern abgetrennt werden. Gleichzeitig werden von einem H-Profil aus Metall, in dessen Rillen das verwendete Wandbaumaterial passen sollte, Stücke zurechtgesägt. Die Länge der einzelnen Teile ist dabei um circa einen Zentimeter länger als die Höhe der Wandteile. Danach wird das Metall in der gewünschten Farbe lackiert und parallel dazu bei Bedarf die Wandstücke gefärbt oder gealtert.

Während des Trocknens wird der spätere Standort auf der bestehenden Modellbahnanlage angezeichnet und zumindest die oberste Landschaftsschicht entlang dieser Linie entfernt; bei weichem Untergrund wie Styropor kann auch eine Art Graben geschnitten werden. Nach der Trocknungsphase werden zwei Metallstücke mit Hilfe von Sekundenkleber jeweils links und rechts an einem Wandteil so befestigt, dass die Wand in der Rille sitzt und am oberen Ende mit den Metallteilen eben abschließt. Dieses erste Wandteil wird an einem Ende der späteren Lärmschutzwand mit den unten überstehenden Metallprofilen voran in vorgebohrte Löcher oder in den Graben senkrecht eingeklebt.

Das nächste Wandteil erhält nur noch ein Metallprofil und wird in eine entsprechende Bohrung im Boden und in die freie Rille des Profils der ersten Wand angeklebt. So wird Wandteil für Wandteil entlang des vorher markierten Verlaufs gesetzt. Wenn der Standort der Wand dabei nicht eben ist, können durch unterschiedliche Wandhöhen interessante Staffelungen entstehen, wobei zu beachten wäre, dass das Metallprofil in diesem Fall mit der höheren Wand endet.

Während des Baus muss immer wieder kontrolliert werden, ob die Wand genau senkrecht steht. Abschließend werden noch kleine Büsche und Rankgewächse an der Lärmschutzwand gepflanzt, nicht zuletzt lassen sich damit auch kleine Bausünden verdecken.

4.3 Betontreppen

Das Vorbild

Treppen gibt es überall. Betonierte oder gemauerte Treppen können sehr leicht im Modell nachgebildet werden. Hier einige Möglichkeiten für den Einbau: vor Gebäuden, Auf- oder Abgänge zu den Bahnsteigen, Unterführungsabgänge (2,5 m Mindestbreite), Hausaufgänge am Hang, Kellerabgänge.

Die Treppenlänge passt sich dem Verwendungszweck an, die Stufenhöhe sowie die Trittflächenlänge sind auch in geringen Maßen variabel, für unser Modell können aber Standardwerte herangezogen werden. Die Stufenhöhe entspricht 18 cm, die Trittfläche sollte 30 cm lang sein.

Der Nachbau im Modell

Modelltreppen können einfach und rationell aus Balsaholz hergestellt werden. Im Maßstab H0 ergeben sich für die Treppe umgerechnet folgende Maße: Stufenhöhe 2 mm und Länge der Trittfläche 3,4 mm. Die hier vorgestellte fünfstufige Modelltreppe kann aus ca. 40 cm langen Teilen

Der Treppenbau im Überblick: Links der Rohbau, rechts die fertige geschliffene, gespachtelte und lackierte Treppe.

Eine vollständig eingebaute Treppe an einem Bahnhofsgebäude.

am Stück auf Vorrat gefertigt werden. Im Bedarfsfall wird die Treppe einfach zurechtgeschnitten und durch Abschneiden oder Aufeinanderkleben in der Höhe angepasst. Mit passend abgelängten Treppenstufen kann natürlich auch eine maßgefertigte Treppe hergestellt werden.

Beide Bauarten werden folgendermaßen hergestellt: Die Treppe wird aus passenden 2 mm dicken Balsaholzplatten zurechtgeschnitten. Ihre Größe ist schnell errechnet, denn die Höhe der Treppe in mm geteilt durch die Stufenhöhe ergibt die Anzahl der Stufen. Die Länge errechnet sich mit der Formel (ermittelte) Stufenzahl x Länge der Trittfläche.

In diesem Fall, in dem die Treppe einen Höhenunterschied von 10 mm überwindet, heißt das: Bei 2 mm Stufenhöhe ergeben sich fünf Stufen. Fünf Stufen x 3,4 mm Trittflächenlänge ergibt eine Gesamtlänge von 17 mm. Dieses Maß bestimmt die Breite des untersten Stufenbrettchens. Jede weitere Stufe wird gegenüber der vorhergehenden um 3,4 mm in der Breite gekürzt. Danach setzt man die Treppe zusammen. Das geschieht folgendermaßen: Beginnend mit dem untersten Stufenbrettchen werden die nachfolgenden Stufen mit Universalkleber aufeinander gesetzt, so dass sie an der Hinterkante eben und bündig abschließen. Durch diesen Aufbau ergibt sich an der Vorderseite automatisch die Treppenform. Mit etwas Übung lassen sich so auch Wendeltreppen gestalten.

Nach dem Aushärten des Klebers kann die rechtwinklige Rückseite der Treppe abgeschnitten und so den Einbauverhältnissen angepasst werden. Vor dem endgültigen Einbau muss die Treppe noch mit Modellbauspachtelmasse bearbeitet und vorsichtig eben geschliffen werden, um eine geschlossene Oberfläche zu erhalten. Neue Treppen können nun betonfarbig grundlackiert werden. Soll die Modelltreppe ein älteres Exemplar nachbilden, erhält sie vorher noch abgestoßene Kanten oder feine Risse, die einfach eingraviert werden.

Ist die Grundfarbe getrocknet, wird die Treppe mit einer feinen Schmutzpatina gealtert, die Kanten werden noch mit einem Borstenpinsel, der sehr wenig fast trockene, hellgraue Farbe enthält, etwas hervorgehoben. Nun kann die Treppe eingebaut werden und eventuell mit einem Geländer, allerlei Grün am Rand sowie mit Modellpersonen belebt und verziert werden.

4.4 Mülleimerkasten

Das Vorbild

Die in den 50er-Jahren aufgekommene Waschbetonbauweise verbreitete sich aufgrund der geringen Kosten sehr schnell. Und so sind diese einfach nachzubildenden Formteile heutzutage fast überall zu finden. Eine besonders einfach und schnell zu erstellende Bastelei sind viereckige Kästen, in denen die Haushaltsmülleimer lagern. Ein- oder mehrständige Bauarten sind neben Sozialbauten und Reihenhaussiedlungen zu finden, die seit dem Ende der 50er-Jahre entstanden.

Aufgebaut sind diese Zweckbauten recht einfach: Der rechteckige Grundkörper des einzelnen Behälters ist 110 x 80 x 60 cm groß, an der Vorderseite befindet sich eine Tür, die bis auf einen drei cm breiten Rand die gesamte Fläche einnimmt. Mehrständige Mülleimerkästen werden einfach um das Breitenmaß verlängert, und schon ist eine neue Variante entstanden.

Der Nachbau im Modell

Balsaholz eignet sich auch in diesem Fall bestens als Baumaterial. Im Maßstab 1:87 besitzt der ausgewählte Mülleimerkasten die Maße 13 x 9 x 7 mm und wird aus einem Stück geschnitten. Danach fehlt nur noch eine Waschbetonoberfläche sowie eine Papiertür auf der Vorderseite.

Nach dem Spachteln und Schleifen des Klotzes wird eingedickte Dispersionsfarbe im gewünschten Farbton mit einem Pinsel dick aufgetragen. Kurz bevor die Farbe trocken ist, wird im gerade noch flüssigen Zustand mit einem Borstenpinsel die Oberfläche so bearbeitet, dass sie der rauen Oberfläche des Waschbetons gleicht.

Die Tür wird aus Papier hergestellt, das auf doppelseitiges dünnes Klebeband aufgebracht wird; sie sollte etwas kleiner als die Vorderseite des Kastens sein. Der Rahmen an der Vorderseite des Kastens wird, wie die Tür selbst, grau-silbern lackiert. Nach dem Trocknen klebt man die Tür einfach auf und verziert sie gegebenenfalls

Fachkräfte unter sich: Der Müllwerker erklärt, dass es die Mülleimerkästen in den unterschiedlichsten Bauformen gibt. Der Nachbau im Modell erfolgt wiederum mit einfachsten Mitteln.

Um das Erscheinungsbild der Wohnanlage nicht zu beeinträchtigen, versperren eine Holzwand und diverse Büsche die freie Sicht auf die Mülltonnen.

noch mit der Hausnummer. Mehrständige Mülleimerkästen werden vorbildgerecht einfach um das Breitenmaß verlängert und lassen sich ansonsten wie ein einständiger Mülleimerkasten herstellen.

4.5 Sichtblende aus Holzpalisaden

Das Vorbild

Müll oder Bioabfall wartet häufig in Tonnen oder Containern auf den Müllwagen. Doch gerade in Mehrfamilienhäusern oder Wohnanlagen fällt sehr viel Müll an. Dementsprechend groß ist die Anzahl der Mülltonnen, die in ihrer Gesamtheit keinen schönen Anblick bieten. Daher versteckt man diese oft hinter Sichtblenden aus Hecken, Beton oder Holzpalisaden. Dabei besteht die Abstellfläche der Mülltonnen oft aus Gehwegplatten, die auf drei Seiten von grün imprägnierten Holzpfosten umgeben sind. Die sichtbare Höhe der Pfosten entspricht dabei der Höhe der Container, also ungefähr Brusthöhe.

Der Nachbau im Modell

Mit wenig Aufwand lässt sich auch im Modell eine Sichtblende aus Holzpalisaden fertigen. Dazu werden lediglich Holzzahnstocher und der Rest einer Kunststoffplatte mit Gehweg-Plattenstruktur benötigt. Zuerst wird die Grundfläche des späteren Mülleimerdepots bestimmt und die entsprechende Bodenplatte aus der Kunststoffplatte zurechtgeschnitten. Die Zahnstocher werden so abgelängt, dass sie ungefähr die Brusthöhe einer Modellfigur haben und gegebenenfalls mit der Schlüsselfeile nachgearbeitet. Anschließend misst man jeweils die Länge der verschiedenen Seitenteile an der Grundfläche ab.

Jede Wand wird einzeln gebaut. Dabei werden die gekürzten Zahnstocher auf einem ebenen Untergrund mit wenig Leim parallel aneinander geklebt, bis die gewünschte Länge eines Seitenteils erreicht ist. Damit die Enden am Schluss in einer Ebene liegen, klebt man entlang eines Lineals. Auf diese Weise entstehen alle Wandteile, allerdings ist darauf zu achten, dass sie dabei nicht am Untergrund festkleben. Nach dem Trocknen werden sie farblich nachbehandelt. Hierauf klebt man die Bodenplatte an den Standort der Müllcontainer und befestigt anschließend die Seitenwände. Zum Schluss werden noch Müllcontainer von Zubehörherstellern aufgestellt.

4.6 Dachpappe

Das Vorbild

Beim Blick auf eine Siedlung von einem Berg herab oder aus dem Flugzeug fallen die unterschiedlichen Dachdeckarten und Baumaterialien auf. Neben Ziegeln und Schiefer für die größeren Gebäude wird bei Nebengebäuden oder Gartenhütten häufig Teerpappe verwendet. Dieser grau-schwarze Baustoff, den man in Baumärkten auf 60 bis 100 cm breiten Rollen erhält, ist kostengünstig und lässt sich von Heimwerkern leicht verarbeiten. Die Teerpappe wird in Streifen geschnitten und auf eine Holz- oder Spanplatte, die den Unterbau des Daches bildet, genagelt. Dabei wird die erste Bahn der Dachpappe am unteren Ende des Daches und die nächsten Bahnen mit breiter Überlappung anschließend befestigt. Die Überlappung ist nötig, damit kein Wasser eindringt. Auf diese Weise wird Streifen für Streifen verlegt, bis der Dachfirst erreicht ist und dieser mit einem mittig gelegten Stück Dachpappe zugedeckt wird. Stellenweise wird die Teerpappe auch durch Erhitzen wasserdicht verschweißt.

Der Nachbau im Modell

Auch im Modell können kleine Gartenhäuser, Geräteschuppen oder sonstige Nebengebäude mit Teerpappendächern ausgestattet werden. Als Baumaterial kommt hierbei feines Schleifpapier zum Einsatz, welches mit Messer oder Schere vom Vorbildmaß umgerechnet in ein Meter breite Streifen geschnitten wird. Diese Streifen

Zur Dachdeckung von Geräteschuppen oder Scheunen wird oft Teerpappe verwendet. Im Modell lässt sich dies mit in Streifen geschnittenem Schmirgelpapier trefflich nachbilden.

werden entweder direkt als Dach verarbeitet oder – vor allem bei größeren Flächen – zuerst auf ein stabiles Papier oder dünnen Karton in der Größe des gewünschten Daches geklebt. Dabei werden die Schleifpapierbahnen wie beim Vorbild verlegt, nur die Befestigung geschieht mit Leim oder Alleskleber. Damit die Teerpappe im Modell gut wirkt, sollten die einzelnen sichtbaren Bahnen gleich breit sein. Zum Schluss wird das Schleifpapier noch mit verdünnter Wasser- oder Plakafarbe grau-schwarz eingefärbt.

4.7 Häuschen mit Herz

Das Vorbild

Dieses Vorbildgebäude ist meist einfachster Bauart und hat seinen Platz in Hinterhöfen oder auf Gartengrundstücken. Im Volksmund trägt es Spitznamen wie »Plumpsklo« oder »Donnerbalken«. Auf die inneren Werte eines solchen Bauwerkes wollen wir an dieser Stelle nicht eingehen, denn für den Nachbau sind nur die äußeren Teile wichtig.

Es handelt sich hierbei um ein einzeln stehendes Gebäude, dass etwas mehr als mannshoch ist und dessen Wände ungefähr einen Meter breit sind. Da diese Toiletten überwiegend vom Gartenbesitzer selbst erbaut wurden, gibt es keine einheitliche Bauweise. Als Baumaterial für die Wände dienen Holzbalken und Latten, während für das nach hinten schräg abfallende Dach Reste wie Teerpappe oder Ziegel verwendet werden. In der Vorderseite befindet sich eine Tür, die ebenfalls aus Holz besteht. Es gibt auch Bauformen, bei denen das Örtchen an ein bestehendes Haus angebaut wurde. In diesen Fällen geht die Dachneigung des Bauwerkes vom Haus weg nach unten.

Der Nachbau im Modell

Der so genannte »Donnerbalken« ist nicht nur ein typisches Gebäude für die Epochen 1 und 2,

Auch die beiden Autoren wissen die Bedeutung eines solchen Häuschens sehr zu schätzen.

sondern findet sich auch heutzutage noch auf Gartengrundstücken oder in Schrebergärten. Beim Nachbau im Modell wird zuerst eine quadratische Holzleiste mit den Seitenmaßen von umgerechnet mindestens einem Meter gewählt. Die Leiste wird so abgelängt, dass das untere Ende gerade ist und das obere schräg nach hinten abfällt. Die Länge der Vorderseite sollte dabei so bemessen sein, dass sie der Höhe einer Miniaturfigur mit ausgestreckten Armen entspricht.

Die Bretterstruktur an den Seiten des Holzstückes entsteht, indem man mit einem Bastelmesser an einem Lineal entlang entsprechende Ritzen in das Holz schneidet. Die Umrisse der Tür werden auf der Vorderseite etwas stärker ausgeführt. Zusätzlich wird oben eine Querritze als oberes Ende der Tür eingeritzt, damit diese bei dem anschließenden Einstreichen des gesamten Werkstückes mit Holzbeize besser zur Geltung kommen. Nach dem Trocknen bohrt man mit einer Stecknadel ein kleines Loch in die Tür, in das ein kleines abgewinkeltes Stückchen Draht als Türklinke geklebt wird.

Abschließend wird aus Kunststoffplatten oder aus feinem Schleifpapier, welches in Streifen überlappend aufgeklebt wird, das Dach nachgebildet. Wer das »Herzhäuschen« noch weiter verfeinern will, kann am Dach noch eine Regenrinne und Fallrohr aus der Bastelkiste anbringen oder in größeren Spurweiten schon in der Bauphase ein Herzchen in die Tür einschnitzen.

4.8 Kletterhilfen

Das Vorbild

Viele Zeitgenossen lassen es sich nicht nehmen, Gemüse und Salat im eigenen Garten anzupflanzen. Mit viel Liebe und Arbeit werden dabei Aussaat und Hochzucht der Naturgewächse im eigenen Garten betrieben. Dabei muss der Gärtner für viele Gewächse wie Tomaten oder Bohnen einzelne Pfosten oder Stöcke in die Erde treiben, an denen die Pflanzen hoch ranken können. Diese Konstruktionen sind je nach Pflanzenart bis zu zwei Meter hoch und daher schon von weitem sichtbar. Auch aufwändigere Kletterhilfen, wie mehrere mit Draht oder Querbalken verbundene Pfosten, sind zum Beispiel für Himbeeren zu finden. Selbst Teile von Zäunen oder Baustahlmatten kommen für Kletterbohnen zum Einsatz.

Aber nicht nur Gemüsepflanzen erhalten Rankhilfen, sondern auch Blumen oder Sträucher. Dabei dienen sie oft als freistehender Sichtschutz einer Terrasse oder als Verzierung einer Hauswand. Beim Einsatz im Ziergarten werden diese Rankhilfen meist aufwändig aus lackierten Holzlatten hergestellt, wobei diese entweder als Fächer oder als Gitter verbaut werden.

Der Nachbau im Modell

Auch der Modellgarten kann problemlos mit diesen Kletterhilfen ausgerüstet werden. Im Nutzgarten werden Stecknadeln als Tomatenstangen in die Erde gesteckt und diesen anschließend der Kopf auf Brusthöhe einer Miniaturfigur abgezwickt. Danach lackiert man die Nadeln holzbraun. Nach dem Trocknen wird die Stange mit Holzleim bestrichen und mit Beflockungsmaterial begrünt.

Bei der Nachbildung von Paprika oder Tomaten sollte die Begrünung nur bis zur Beckenhöhe

Dank der stabilen Pfosten überstanden Stangenbohnen und Paprika den letzten Sturm unbeschadet. Bald sind sie reif für die Ernte.

Diese Himbeeren sind noch in der Wachstumsphase während des Frühjahrs. An einem stabilen Klettergerüst aus Holz und dazwischen gespannten Draht können die Triebe hoch ranken.

einer Figur reichen, während bei einer Nachbildung von Bohnen die ganze Stange beflockt werden kann. In größeren Nenngrößen können noch Tomaten aus rot-lackierten Stecknadelköpfen eingeklebt werden. Bei den aufwändigeren Konstruktionen für Himbeeren oder Blumen dienen Zahnstocher als Baumaterial der freistehenden Pfosten und Querbalken; sie werden mit Leim verklebt und anschließend nach einer Trocknung mit Holzbeize farblich behandelt.

Für die Nachbildung von Wandkletterhilfen eignen sich dünne Furnierholzstreifen, die als Fächer mit Querbalken oder als Gitter direkt auf eine Hauswand geklebt werden. Die Kletterhilfe muss dabei nicht unbedingt den Modellboden berühren, sondern kann auch erst in umgerechnet einem Meter Höhe anfangen. In diesem Fall ist aber bei der Beflockung mit Grün zu beachten, dass das Grün dennoch bis zum Boden geht, denn dort befinden sich beim Original die Pflanzenwurzeln. Mit feinem farbigen Streumaterial, welches Stück für Stück mit der Pinzette eingeklebt wird, lassen sich zusätzlich noch Blumenblüten darstellen.

4.9 Abgestützte Obstbäume

Das Vorbild

Im Spätsommer hängen an vielen Obstbäumen zahlreiche reife Früchte. Speziell große alte Apfelbäume sind eine wahre Pracht und sehr schön anzusehen. Natürlich freut sich der Obstbaumbesitzer über die reiche Ernte, aber ihn treibt auch die Sorge um seine Pflanzen um. Denn nicht nur Schädlinge bedrohen die Bäume, auch die Früchte können zur Last werden, so dass der

Die Apfelernte hat begonnen. Die reiche Ernte wiegt so schwer, dass man die Äste des Baums schon vor einige Zeit abstützen musste.

eine oder andere Ast abbricht, wenn ihr Gewicht zu schwer wird.

Dieser Gefahr ist aber leicht abzuhelfen, indem einfache Rund- oder Kanthölzer die Äste abstützen und somit das Abbrechen verhindern. Auf einer großen Obstbaumplantage kann dies schnell zu einer großen Aufgabe werden, bei der modellbahnüblichen Anzahl von Obstbäumen sind diese Stützen schnell angefertigt und bereichern die Anlage wiederum um ein kleines aber feines Detail.

Der Nachbau im Modell

Um Modellobstbäume derart zu verfeinern, bedarf es keines großen Aufwandes: Etwas Kantholz mit 1 x 1 mm Seitenlänge oder einfach nur ein Zahnstocher sowie graubraune Farbe zur Alterung genügen. Der mit Früchten behangene Obstbaum, hier ein Modell der Firma Noch, wird nur noch etwas angepasst, indem er einen dezenten grünen Algenbewuchs auf einer Seite des Stammes als Farbanstrich erhält und seine Äste der Schwerkraft folgend nach unten gebogen werden.

Nun werden an den äußeren Enden der Äste leicht schräg die eingefärbten und passend abgelängten Stützstangen befestigt, so dass sie den Eindruck eines wirklichen Abstützens vermitteln. Das Umfeld des Baums kann je nach Jahreszeit noch mit reifen, herabgefallenen Früchten ausgestaltet werden, auch einen erntenden Baumbesitzer nebst Familie und obligatorischer Leiter belebt die Szenerie.

4.10 Sandkasten

Das Vorbild

Auf jedem Kinderspielplatz sind sie zu finden und fast jeder hat in seiner Kindheit mit Begeisterung in ihnen gespielt – die Sandkästen. Sie sind sowohl in den Privatgärten als auch in öffentlichen Parkanlagen zu finden. Die Größe richtet sich dabei nach dem vorhandenen Platz und der erwarteten Anzahl spielender Kinder. Neben käuflich zu erwerbenden Plastiksandkästen mit einer Größe von wenigen Quadratmetern gibt es auch solche aus Holz in allen Größen und Bauformen. Dabei bestehen die Außenkanten aus Holzbalken oder Dielen und bilden meistens eine rechteckige Form. Oft sind diese Hölzer bunt lackiert oder zumindest gegen die Witterungseinflüsse mit schützendem Klarlack versehen. Gefüllt sind diese Holzbauwerke meist mit einem hellen Quarzsand, welcher in privaten Gärten bei Nichtbenutzung gerne mit Folie oder einer Holzplatte abgedeckt wird.

Der Nachbau im Modell

Auch die kleinen Preiserleins haben in unserer kleinen Modellbahnwelt den Wunsch, auf ei-

Sandkästen auf öffentlichen Spielplätzen sind bei Kindern sehr beliebt. Täglich entstehen aus Sand eindrucksvolle Burglandschaften und große Mengen von Bäckereierzeugnissen.

nem Spielplatz oder im Garten eines Hauses in einem Sandkasten zu spielen. Mit wenig Aufwand lässt sich dieser Wunsch erfüllen und gleichzeitig ein Blickfang für die Modellbahnanlage schaffen. Benötigt werden zum Nachbau lediglich vier Streichhölzer, etwas Sand und ein ebener Standort.

Zuerst legt man die Größe des Sandkastens fest und kürzt die Streichhölzer als Außenkanten entsprechend. Danach werden sie mit Leim am ausgewählten Standort festgeklebt und nach dem Trocknen mit Holzbeize oder mit Farbe gestrichen. Wiederum nach einer Trocknungsphase wird das Innere des Sandkastens mit Sand gefüllt und dieser mit der bekannten Leim-Wasser-Spülmittel-Methode fixiert. Während der mehrere Tage dauernden Trocknung können auch noch Figuren spielender Kinder mit Zubehör wie einem Eimer, kleinen Sandkastenburgen oder Gräben eingearbeitet werden.

4.11 Spielreifen

Das Vorbild

Neben den typischen Sandkästen und Schaukelgestellen findet der aufmerksame Beobachter auf modernen Spielplätzen oft ganz ungewöhnliche Bauten wie Holzhaus mit Rutsche, Seilbahn oder Hängebrücke. Die an dieser Stelle im Bild festgehaltene Reifenschaukel ist ebenfalls ein typisches Beispiel und wird hier stellvertretend für andere moderne Spielgeräte näher beschrieben.

Die Konstruktion ist sechs- oder achteckig und besteht aus Pfosten, die an den Eckpunkten in den Boden gerammt und durch Balken miteinander verbunden sind. In den jeweils oberen Ecken links und rechts der Felder sind Ketten oder Seile angebracht, an denen ein alter Reifen hängt. Durch sein Eigengewicht rutscht er in die Mitte und lässt das Seil straff durchhängen. Der Boden unter der Konstruktion ist mit braunem Rindenmulch aufgefüllt und mit Holzbalken umrandet.

Der Nachbau im Modell

Zuerst zeichnet man am zukünftigen Standort den Grundriss eines regelmäßigen Sechs- oder Achtecks auf die Grundplatte. An den Eckpunkten werden kurze Löcher gebohrt, die so groß sind, dass anschließend Streichhölzer oder Zahnstocher genau senkrecht eingeklebt werden können. Dabei sollten die Hölzer auf Vorbildmaß umgerechnet noch ca. 220 cm über der Er-

Bei der Planung moderner Spielplätze zeigen die Städtebauer manchmal viel Kreativität. Auf diese Weise entsteht dann ein Paradies für spielende Kinder.

de sichtbar sein. Danach werden immer zwei benachbarte Pfosten mit einem oben aufliegenden und festgeklebten Balken aus Streichhölzern zur Stabilisierung verbunden.

Im folgenden Arbeitsschritt wird das Holzgerüst mit Beize eingelassen oder mit Farbe gestrichen. Nachdem das Holz wieder getrocknet ist, beklebt man den Boden um das Spielgerät mit dunkelbraunem Streumaterial zur Nachbildung des Rindenmulches. Anschließend werden aus der Bastelkiste einige große Reifen herausgesucht und auf ein kurzes Stück schwarzen oder grauen Zwirn aufgefadelt. Die Fadenenden klebt man in den oberen Ecken, die durch den Querbalken und den Pfosten entstanden sind, jeweils links und rechts fest. Der Zwirn sollte dabei so lang sein, dass der Reifen nach dem Festkleben in die Mitte rutscht und dort bis auf Schenkelhöhe der Miniaturmenschen durchhängt.

Es kann vorkommen, dass der Faden zu widerspenstig ist und das Gewicht des Reifens alleine den Zwirn nicht gerade hängen lässt. In diesem Fall muss der Faden mit ein paar Tropfen Sekundenkleber beträufelt werden und unter Zug nach unten trocknen. Alternatiy dazu kann statt des Fadens auch dünner Federstahldraht genommen werden, der in der Mitte leicht geknickt und durch den Reifen gesteckt wird. Er wird zum Schluss in kleine Löcher in den Ecken geklebt.

4.12 Schaukel

Das Vorbild

Schaukeln stehen auf fast jedem Spielplatz. Neben Gestellen aus Metall sind häufig auch Konstruktionen aus rundem Massivholz zu finden. Die Bauweise ist dabei immer gleich, denn das Gerüst besteht aus zwei Seitenteilen mit jeweils

Dieses hübsche Motiv war den beiden Autoren in jedem Fall ein Foto wert.

Während die Mutter den Boden mit den Füßen ohne Probleme erreicht, muss ihr Sohn noch wachsen.

zwei stabilen schrägen Pfosten, die zusammen mit dem Boden ein Dreieck bilden und sich an ihren oberen Enden kreuzen oder stumpf aufeinander treffen. Zusätzlich stabilisiert sie meist ein kleiner Querbalken.

Die Seitenteile verbindet ein großer Querbalken, an dem die eigentlichen Schaukeln hängen. Dieser Balken ist außerdem mit weiteren Streben an den Seitenteilen befestigt.

Die Grundbauweise variiert um die Anzahl der Schaukeln, die am Querbalken hängen. Auf vielen Spielplätzen erweiterte man die Schaukelgerüste außerdem um Klettergerüste oder Leitern. Manchmal entstanden auch Schaukeln, bei denen das Seil oder eine Kette mit dem Schaukelbrett an einem starken Ast eines Baums befestigt wurde.

Der Nachbau im Modell

Mit wenig Aufwand lassen sich auch in den Siedlungen auf der Modellbahnanlage nachträglich noch Schaukeln in Gärten oder auf Spielplätzen einbauen. Zum Nachbau werden lediglich Zahnstocher, etwas dünner Federstahldraht und Furnierholzreste benötigt. Vor dem Arbeitsbeginn sollte noch entschieden werden, ob das neue Spielgerät freistehend oder an einem Baum hängend gebaut werden soll und ob es mit einer oder mehreren Schaukeln ausgerüstet werden soll.

Bei einer freistehenden Variante wird zuerst eine Klebeschablone erstellt, damit die beiden Seitenteile gleichmäßig ausfallen. Dabei wird die Form der Seiten so auf Karton oder Holz gezeichnet, dass von einem Punkt auf einer senkrechten Linie jeweils links und rechts im selben Winkel zwei Geraden abgehen, die später die schrägen Stützposten darstellen. Die Mittellinie zwischen diesen beiden Pfosten sollte dabei umgerechnet auf das Vorbild eine Länge von ca. 220 cm aufweisen und am unteren Ende in einer zweiten Gerade enden, die im rechten Winkel anschließt.

Die Länge der vier schrägen Pfosten, die aus Zahnstochern ohne Spitzen zurechtgesägt werden, entnimmt man der Zeichnung. Bei einer Überkreuzung der oberen Balkenenden sollten die Hölzer etwas länger ausfallen. Jeweils zwei Pfosten werden auf der Schablone mit Leim verklebt und zur besseren Stabilität noch in halber Höhe mit einem dünnen Querholz verleimt. Wenn beide Seitenteile fertig sind, wird noch der große Querbalken aus einem Zahnstocher zurechtgesägt, wobei seine Länge von der Anzahl der Schaukeln abhangt. Der Balken wird jeweils von unten in die Seitenpfosten geklebt, die eine Spitze bilden, und eventuell noch mit Dreiecksverstrebungen aus kurzen Hölzern verstärkt. Holzbeize sorgt für die richtige farbliche Gestaltung des Holzgerüstes. Gleichzeitig werden aus Furnierholzresten oder Bastelholz die Schaukelbretter zurechtgeschnitten, die beim Vorbild die Größe von 20 x 50 cm haben.

Als Seil werden pro Schaukel aus Federstahldraht zwei gleich lange Stücke zurechtgeschnitten, wobei die Schaukelbretter später in Schenkelhöhe einer Miniaturfigur hängen sollten. Zur Befestigung werden in die Schaukelbretter und in den großen Querbalken mit einer Stecknadel vorsichtig kleine Löcher gebohrt. In diese werden jeweils unten und oben ein Federstahldraht mit Sekundenkleber oder Kraftkleber eingeklebt. Der Bau einer am Baum hängenden Schaukel ist abgesehen vom Holzgerüst baugleich, in diesem Fall werden die Federstahldrähte von unten in einen starken Ast gesteckt.

4.13 Hangbefestigung aus Schwellen

Das Vorbild

Durch Streckenstilllegungen oder Modernisierungen fallen bei der Eisenbahn häufig Holzschwellen als Abfallprodukte an. Oft werden sie noch zu anderen Zwecken weiterverwendet. Findige Landschaftsbauer, Gartengestalter und

Weit entfernt von der nächsten Bahnlinie stützen diese Schwellen den Hang an einer Treppe ab.

Hobbygärtner benützen die Schwellen, um Blumenbeete einzugrenzen oder Gartenhänge abzustützen. Hänge werden dabei durch senkrecht in den Boden getriebene oder mit Betonfundament versehene Holzschellen befestigt. Wenn ein Hang zu groß ist, wird die Befestigung der Schwellen terrassenförmig mehrmals hintereinander gebaut. Die Bausubstanz der Schwellen ist dabei sehr haltbar, da sie bereits die Bahn für ihren eigentlichen Einsatzzweck dauerhaft imprägniert hat.

Der Nachbau im Modell

Problemlos lassen sich solche Hangabstützungen im Miniatur-Garten nachbilden. Allerdings sind die Kunststoffschwellen der Modellgleise für eine Umsetzung ins Modell ungeeignet, da zwischen den Nachbildungen der Kleineisen und unterhalb des Schienenprofils kleine Löcher vorhanden sind, die es beim Vorbild nicht gibt.

Besser eignen sich dünne Holzleisten in der Größe der Schwellen, die dunkelbraun eingefärbt oder mit Holzbeize behandelt werden. Gleichzeitig wird an einem Hang, der eine Abstützung benötigt, ein senkrechter Schnitt in das Geländeprofil getätigt und das Modell-Erdreich abgetragen. Je nach Untergrund werden jetzt die Schwellen direkt oder mit einem dünnen Stück Pappe von hinten verstärkt senkrecht auf den Geländeschnitt geklebt. Als Klebstoff dient Holzleim. Nach einer Trockenphase kann das umliegende Gelände wieder begrünt oder mit einer Treppe versehen werden.

4.14 Trennwände und Inneneinrichtung

Das Vorbild

Jedes Gebäude besitzt eine Inneneinrichtung, die aus einzelnen Räumen und ihrer Möblierung besteht. Die Trennwände zwischen den Räumen sorgen außerdem für eine ungleichmäßige Beleuchtung des Hauses, denn nicht immer ist in der Nacht jeder Raum beleuchtet. Auch die Inneneinrichtungen unterscheiden sich nach dem jeweiligen Zweck: Wohnungen, Büros oder Werkstätten sind alle verschieden möbliert. Gerade beleuchtete Gebäudemodelle, z.B. mit geöffneten Fenstern, oder besonders exponiert platzierte Bauten eignen sich für den Modellnachbau.

Der Nachbau im Modell

Um ein Gebäude, sei es nun ein Selbstbau oder ein Fertigbausatz, auf der Anlage zu einem Blickfang zu machen, eignet sich neben dem Einbau geöffneter Fenster und Türen (siehe 4.16) besonders bei beleuchteten Modellen das Unterteilen des Innenraumes. Allerdings muss man bei der Raumeinteilung des Gebäudes berücksichtigen, dass die Beleuchtung das Innere teilweise stark erwärmt. Unter Umständen ist es daher notwendig, auf Leuchtdioden oder Kaltlichtquellen auszuweichen. Dies muss aber von Fall zu Fall entschieden werden.

Der hier vorgestellte Bausatz des Bahnhofes Dettingen stammt aus dem Kibri-Programm. Er ist nur in den großen Räumen mit Leuchtdioden ausgerüstet (obere und untere Etage einzeln schaltbar). Die anderen Bereiche bleiben dunkel. Die Raumaufteilung ist jedem selbst überlassen, ebenso ist es möglich, ein konkretes Vorbild nachzuahmen. Eine 1:1-Zeichnung des Modellgrundrisses erleichtert die Arbeit erheblich.

Die Trennwände des Baues entstehen aus Kunststoffplatten mit einer Stärke von einem Millimeter, die günstig im Flugzeugmodellbaugeschäft angeboten werden. Diese Kunststoffplatten schneidet man gemäß der gewünschten Innenraumgestaltung zu. Sollen die Räume beleuchtet werden, müssen sie an den Innenwänden mit dem beiliegenden Abdunklungspapier oder dunklem Karton ausgekleidet werden, um ein Durchscheinen zu verhindern. Auf den Verdunkelungskarton wird

Da freut sich der Aufsichtsbeamte: Endlich erhält sein Bahnhofsgebäude Innenräume. Die Zimmerleute sind schon bei der Arbeit, aber bis zum Einzug wird es wohl noch etwas dauern.

Die beiden Dachversteifungen machen das Dach abnehmbar. Die Kammer rechts im Obergeschoss ist wegen der Beleuchtung des großen Raumes abgeschottet.

die Innenwandfarbe aufgetragen bzw. beim vorgefertigten Papier weiß belassen. Anschließend werden die Räume mit der vorgesehenen Inneneinrichtung ausgestaltet und mit einem Deckel lichtdicht versiegelt, der mit Spachtelmasse lichtdicht verfugt wird. Letzteres macht man ebenfalls mit einem eventuell eingezogenen Etagenboden.

Enge Räume dürfen aus Temperaturgründen nicht beleuchtet werden. Zur Inneneinrichtung zählen Türen aus der Bastelkiste, die zunächst lackiert und dann an geeigneter Stelle als Zimmertüren an die Innenwand geklebt werden. Möbel und Einrichtungsgegenstände gibt es als Bausatz oder lassen sich aus Karton oder Holz selber herstellen. Ebenso ist es möglich, Schränke oder Türen auf die Wände zu zeichnen. Eine zusätzliche räumliche Tiefe entsteht, wenn vorgedruckte Vorhänge ausgeschnitten und in ca. 5 mm Abstand zum Fenster befestigt werden. Personen oder Lagergüter vervollständigen das Gebäude. Das Dach sollte abnehmbar sein, damit man technische Störungen problemlos beheben kann.

4.15 Offene Fenster und Türen

Das Vorbild

Türen und Fenster an Gebäuden lassen sich in der Regel öffnen: Ein Passant verlässt das Haus, Reisende treten aus der Bahnhofshalle, zum Ladungsumschlag geöffnete Schuppentore, ein offenes Fenster zum Lüften der Wohnung oder eine Hausfrau, die einfach nur einen Schwatz mit dem Briefträger oder der Nachbarin hält, alles alltägliche Ereignisse. Die Vielzahl der Gegebenheiten mit offenen Fenstern, Türen und Toren lässt sich kaum beschreiben. Ein Grund mehr, seine Umwelt mit offenen Augen zu betrachten, denn auf diese Weise sammelt man die Ideen für zahlreiche Details, die später die Modellszenerie bereichern.

Der Nachbau im Modell

Bei den meisten Bausätzen sind die Fenster und Türen der Gebäude fest verschlossen. Die Szenerie auf der Anlage wirkt daher oft recht leblos. Aber auch im Modell sind Fenster und Türen schnell geöffnet. Beginnen wir mit doppelflügeligen Fenstern: Der Fensterflügel wird vor dem Einbau einfach am Mittelfries so auseinander geschnitten, dass ein vollständiges Fenster sowie ein Fenster in Form eines E entsteht. Aus einem dünnen Kunststoffrest oder einem Vierkantprofil wird einfach ein zweiter passender Fries (in Nenngröße H0 ca. 0,5 x 0,5 mm) gefertigt und am offenen E angeklebt. Je nach verwendetem Modell müssen nun noch die Fensterrahmen an den Außenkanten gerade geschnitten werden, um sie von Angüssen oder Halterungen zu befreien.

Die Fensterscheiben werden aus klarer Kunststoff-Folie (z.B. aus Verpackungsresten) neu gefertigt und von hinten mit Hilfe von etwas Klarlack an dem Fensterrahmen befestigt. Die Fenster werden nun im vollständig oder teilweise geöffnetem Zustand eingeklebt und gegebenenfalls mit Figuren oder Pflanzen belebt. Ein geöffnetes Fenster erfordert – besonders bei beleuchteten Häusern – eventuell eine neue Trennwand oder eine Inneneinrichtung im Gebäude.

Türen werden in gleicher Weise geöffnet, einflüglige Eingangs- oder Zimmertüren müssen jedoch nicht geteilt werden. In verschiedenen Bausätzen sind außerdem angespritzte Fenster und Türen verbaut, aber auch sie sind leicht zu öffnen. Die hier abgebildete Schuppentür des Bahnhofes Dettingen (Kibri, Maßstab 1:87) wird von der Innenseite der Schuppenwand mit ei-

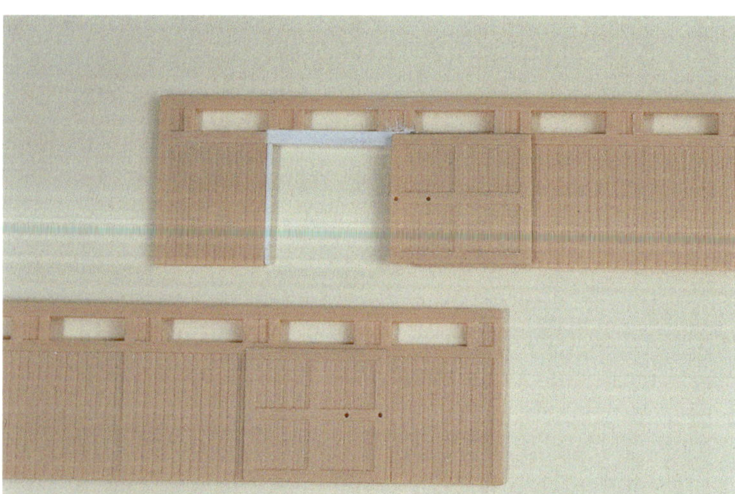

Ein Güterschuppen mit geöffneten Toren: Die Anbauteile sind noch nicht lackiert und deshalb gut zu erkennen.

Ein Schwatz am Bahnwärterhaus: »Ist der D-Zug mit der P 10 schon durch?«

nem scharfen Messer herausgeschnitten und gerade gefeilt.

Sollte sich bei einem anderen Bausatz von innen nicht erkennen lassen, wo die Tür oder das Tor liegt, wird es von außen ebenfalls mit einem scharfen Bastelmesser vorsichtig herausgeschnitten. Fehlende Teile – hier der Türsturz – sowie ein Teil des Türrahmens werden aus passend zurechtgefeiltem Kunststoff maßgeschneidert und anschließend eingeklebt. Die Schiebetür selbst wird etwas dünner geschliffen und in teilgeöffnetem Zustand außen festgeklebt. Sollte die Tür dieses oder eines anderen Bausatzes beim Ausschneiden beschädigt werden, kann sie aus Karton- und Furnierstreifen leicht selbst gefertigt werden.

Wenn alles befestigt ist, müssen die Neubauteile noch farblich angepasst oder das ganze Modell neu lackiert werden. Ausgestaltet mit Ladegut und Arbeitern haben der Bahnhof und sein Lagerschuppen deutlich gewonnen. Die Gesamtwirkung der offenen Türen und Fenster ist erheblich, da sie eine Reihe fein gestalteter Details mit sich bringen und somit den Reiz der Modellbahn deutlich erhöhen.

4.16 Privatparkplatz

Das Vorbild

Im Lauf der letzten Jahrzehnte hat sich die Anzahl der Automobile ständig erhöht. Neben dem positiven Effekt der höheren Flexibilität des Einzelnen, ergeben sich einige damit zusammenhängende Probleme. Denn mehr Autos benötigen z.B. mehr Abstellfläche bzw. Parkplätze und die sind besonders in Großstädten oder Ballungszentren nicht unbegrenzt vorhanden. Daher muss ein Autofahrer oft viel Geduld haben, bis er einen passenden Platz für seinen fahrbaren Untersatz findet.

Glücklich können sich die Besitzer dieser beiden Privatparkplätze schätzen, denn sie liegen in der Kirchstraße, unweit der Stadtmitte.

Auch Anwohner oder Berufstätige kennen dieses städtische Problem und haben sich daher ihre Abstellmöglichkeiten auf dem eigenen Grundstück oder dem Firmengelände geschaffen. Damit aber diese Parkplätze auch frei bleiben und nicht von anderen zugeparkt werden, versieht man sie oft mit einer Markierung in Form eines Kfz-Nummernschildes. Das Kennzeichen gleicht dabei dem des darauf parkenden PKW und ist am vorderen Ende des Parkplatzes waagerecht an einer Wand oder einem Stab angebracht.

Der Nachbau im Modell

Mit wenig Aufwand lässt sich auch für die Miniaturautos unserer Preiserleins die Parkplatzsituation in den Stadtgebieten verbessern. Die passenden Kennzeichen kann man aus Zeitungen ausschneiden oder mit dem Computer herstellen. Eine optisch bessere Möglichkeit ist die Verwendung von Kennzeichen im passenden Maßstab der Firma Truck-Line-Decals, denn jedes Schild ist hier dreimal vorhanden, so dass neben dem Parkplatz auch noch das dazugehörige Auto beklebt werden kann.

Das Parkplatzschild selbst wird am vorderen Ende des Stellplatzes waagerecht angebracht, entweder an einer angrenzenden Hauswand oder einem Pfosten. Letzterer entsteht aus einer Stecknadel ohne Kopf, die vorher in Holzbraun oder Silbermetallic lackiert wurde. Das Kennzeichen befestigt man mit Sekundenkleber.

4.17 Bushaltestelle

Das Vorbild

Zu den Teilnehmern am öffentlichen Nahverkehr zählen neben Eisen- und Straßenbahnen auch Omnibusse, wobei deren Aufgaben in

Auch im Modell benötigt eine Bushaltestelle auffällige Werbung. Allerdings scheint die Werbetafel am Dach einen Zusammenprall mit einem Bus oder einem LKW gehabt zu haben.

Diese Bushaltestelle ist komplett ausgestattet: Mülleimer, Zigarettenautomat, Bank, Fahrplan und Schild sind vorhanden, sogar die Werbung fehlt nicht.

Stadt- und Regionalverkehr unterschieden werden. Doch der Ablauf des Linienverkehrs läuft bei beiden Systemen gleich ab: Ein Bus fährt nach einem Fahrplan eine vorgeschriebene Route mit mehreren Haltestellen ab, an denen die Fahrgäste warten.

Die Haltestellen selbst bestehen häufig nur aus einem Schild und einer Straßenmarkierung. Stark frequentierte Stationen besitzen eine Haltebucht und ein wettergeschütztes Wartehäuschen. Oft weisen die Bauten, die sehr einfach gehalten sind, nur eine Rückwand und ein Dach auf, manchmal sind auch noch Seitenwände als Windschutz vorhanden. Als Baumaterial dient Metall, Wellblech oder Plexiglas, aber auch Mauersteine und Beton werden verwendet. Das ebene Dach besteht meist aus Wellblech und hat noch eine breitere, hochkant stehende Umrandung, die meist zur Werbung genutzt wird. Werbung in Form großer oder mehrerer kleiner Plakate ist auch an den Wänden der Haltestelle zu finden. Im überdachten Bereich und meist direkt an der Rückwand stehen noch Bänke für die wartenden Fahrgäste. In der Nähe des Häuschens sind oft noch Mülleimer und Zigarettenautomaten angebracht.

Der Nachbau im Modell

Auf zahlreichen Modellbahnanlagen sind häufig Busse ohne Ziel unterwegs, denn es sind keine oder zu wenig Haltestellen vorhanden. Dabei können Wartehäuser in verschiedenen Ausführungen mit wenig Aufwand und geringen Materialkosten selbst erstellt werden. Eine genaue Bauanleitung verbietet sich an dieser Stelle, denn sie würde nur eine Bauform beschreiben. Dagegen ist die Variationsbreite beim Vorbild scheinbar unbegrenzt, daher wollen wir hier mit Hilfe einiger Beispielmaße einen kleinen Bauleitfaden geben.

Benötigt werden dazu Kunststoffbauplatten oder dünne Plexiglasreste. Von diesen wird ein Streifen mit einer Breite von 250 cm – umgerechnet in die gewünschte Nenngröße – abgeschnitten. Von diesem Streifen werden drei Teile mit einer Vorbildlänge von einmal fünf und zweimal einem Meter abgetrennt. Diese Teile ordnet man als »U« an, wobei die kurzen Teile die Seitenwände und das größere Stück die Rückwand bilden, und klebt sie am Standort der Haltestelle fest.

Aus einer weiteren Kunststoffplatte wird dazu passend ein Dach zugeschnitten, welches vorne überstehen und bis an die Busbucht heranreichen kann, und auf das »U« geklebt. Falls dabei dieser selbst tragende Teil des Daches sehr weit vorne übersteht, können an der vorderen Kante aus dünnem Metalldraht noch zwei Stützpfosten untergesetzt werden. Danach erhält der Innenraum eine Sitzbank und an den Wänden werden Werbeplakate aus der Restekiste angebracht.

Für die Werbeumrandung auf dem Dach gibt es zwei Methoden: Bei der Ersten entsteht die Umrandung aus Plastikprofilen, die mit Nass-Schiebebildern oder Klebebildern beschriftet wird. Bei der zweiten Variante erstellt man mit Hilfe des Computers einen passenden Werbetext und schneidet ihn passend zurecht. Anschließend wird er als Umrandung einmal um das Dach herum geklebt, so dass der Schriftzug gut lesbar ist. Zum Schluss wird noch ein Haltestellenschild an einem Lichtmasten oder einem Pfosten, der aus einer Stecknadel entsteht, festgeklebt. Jetzt fehlen nur noch die Fahrgäste.

An dieser Litfaßsäule macht man unter anderem für ein bekanntes Musical Werbung.

4.18 Litfaßsäule

Das Vorbild

Neben außergewöhnlichen Werbeträgern wie Autos, Fahnen oder Leuchtreklamen gibt es auch heute, im Zeitalter der Technik, noch immer Werbeplakate auf großen Plakatierwänden oder an den so genannten Litfaßsäulen. Diese Säulen sind übermannshoch und haben einen Durchmesser zwischen ein bis zwei Metern und werden oft an Laufwegen oder in Grünanlagen gebaut. Der niedrige Sockel ist dabei etwas dicker im Durchmesser wie die darüber liegende und rundum laufende Plakatierfläche, während das Spitzdach ebenfalls mit einem kleinen Vorsprung anschließt.

Dabei gibt es schmucklose Säulen aus Beton ebenso wie verschnörkelte Exemplare aus Metallguss, aber auch Holz oder Kunststoff kommen als Baumaterial zum Einsatz. Vor allem Kunststoff wird in Innenstädten gerne für eine moderne Variante der Litfaßsäule verwendet, in deren Innerem sich eine gebührenpflichtige Toilette befindet.

Die Werbeplakate werden nur zeitlich begrenzt geklebt und haben an den Litfaßsäulen häufig einen regionalen Bezug wie z.B. für Volksfeste, Kirchenbasare oder Ausstellungen. Die Plakate werden nach Ablauf des beworbenen Veranstaltungstermins selten sofort entfernt und daher einfach überklebt.

Der Nachbau im Modell

Im Modell können Litfaßsäulen als Werbeträger auf Plätzen oder an Straßen aller Epochen aufgestellt werden, da das Vorbild eine Erfindung aus dem 19. Jahrhundert ist. Beim Nachbau wird ein passendes Rundholz, dessen Durchmesser umgerechnet dem Vorbild-Sockel entspricht, in die Bohrmaschine eingespannt und vorsichtig bei mittlerer Drehzahl mit Feilen bearbeitet. Mit einer breiteren Feile wird dabei gleichmäßig in der Mitte die spätere Plakatfläche und anschließend mit kleinen Feilen die Übergänge zum Sockel und Dach gearbeitet. Das Dach kann ebenfalls schräg zugefeilt werden.

Nach dem Ausspannen aus der Maschine wird das Werkstück unterhalb des Sockels abgesägt. Danach streicht man das Holz im Bereich des Daches und des Sockels betongrau oder dunkelgrün, während die Plakatierfläche geweißt wird. Nach ausreichendem Trocknen werden aus der Bastelkiste kleine Werbeplakate entnommen und aufgeklebt. Dabei können wie beim Vorbild einige Plakate andere überlappen oder sogar verdecken. In größeren Spurweiten können auch echte Plakate abfotografiert werden.

4.19 Denkmal

Das Vorbild

Zu allen Zeiten stellten Völker aus den unterschiedlichsten Gründen Kunstwerke oder Statuen als Denkmäler auf. Häufig wurden dabei berühmte Persönlichkeiten oder Ereignisse in Bronze gegossen oder in Stein gehauen. Vor Fabriken oder auf Firmengeländen haben manchmal Zahnräder, Dampfmaschinen, Lokomotiven oder andere Fahrzeuge als technische Denkmäler ihren letzten Standplatz gefunden.

Vor zahlreichen Bahngebäuden sind ebenfalls Lokomotiven, Wagen oder einzelne Achsen

Dieses Denkmal zum hundertjährigen Bestehen des Zoos entstand aus einem Spielzeugtier. Die Inschrift lieferte der Computer.

auf Gleisstücken als Zeugen der Vergangenheit aufgestellt. Bei den meisten Schaustücken sind am Sockel oder auf einer Tafel neben dem Denkmal noch Jahreszahlen oder Hinweise niedergeschrieben oder eingraviert.

Der Nachbau im Modell

Im Modell ist ein Denkmal ein schöner Blickfang, der eine entlegene Anlagenecke aufwertet. Je nach Ort und Zeit können beim Nachbau die unterschiedlichsten Teile aus der Bastelkiste zum Denkmal aufgestellt werden. In der Nähe eines Bahnbetriebswerkes oder Bahnhofes kann auf einem Stück Gleis eine alte Dampflokachse oder auf einem Sockel eine komplette Lokomotive aus dem Schadpark der Modellbahnanlage stehen. In Marktplatznähe oder entlang der Hauptstraße können mit der Hilfe größerer Spielzeug-Figuren überlebensgroße Steinstatuen nachgebildet werden.

Geeignete Bauteile finden sich sowohl im Spielwarenhandel bei den Kleinteilen als auch bei den Innereien der bekannten rot-weißen Schokoladen-Eier. Der Kreativität sind hier keine Grenzen gesetzt. Dennoch sind einige Dinge zu beachten, denn das eigentliche Denkmal sollte auf einem erhöhtem Sockel platziert sein, der aus einem fein abgeschliffenen Vierkantholz entsteht oder aus Plastikteilen zusammengesetzt wird. Alternativ dazu kann auch nur eine Bodenplatte mit Motiv als Fundament dienen. Je nach Motiv und dem dargestellten Baumaterial wird das Denkmal inklusive des Sockels farblich einheitlich behandelt. Bei Statuen aus Stein empfiehlt sich zum Beispiel ein heller Grauton, während bei Kupfer aufgrund der Oxidation das Ganze blaugrün sein sollte. Zusätzlich können am Sockel oder neben dem Denkmal mit Hilfe des Computers oder von Nass-Schiebebildern noch Jahreszahlen oder weitere Beschriftungen angebracht werden.

4.20 Kraftfahrzeug-Tuning

Das Vorbild

Bei näherem Hinsehen sind die Autos und Lastwagen auf unseren Straßen voller Details und Kleinigkeiten. Neben der Karosserie besitzt ein Automobil graue Reifen und silberne Felgen, Scheinwerfer und orangefarbene Blinker, schwarze Stoßstangen und einen verchromten Kühler. Zu den alltäglichen Dingen gehören

Mit Geduld und ein wenig Farbe lassen sich preiswerte Automodelle aller Maßstäbe optisch aufwerten. Vorher besaß keines der Fahrzeuge Scheinwerfer, Kühler oder Felgen.

auch Antennen, Schiebedächer oder Zierstreifen. Bei Fahrzeugen sportlicher Fahrer sind auch verdunkelte Scheiben, Breitreifen und große Schriftzüge auf der Heckscheibe zu finden.

Der Nachbau im Modell

Im Modell sehen leider nicht alle Fahrzeuge so aus wie ihr Vorbild, denn bei Produktionen älteren Datums war eine genaue Nachbildung fertigungstechnisch noch nicht möglich. Auch bei den heute angebotenen preiswerten Plastikmodellen lässt sich kein aufwändiger Detailreichtum anbringen, da sonst der Verkaufspreis zu hoch wäre. Doch diese Fahrzeuge müssen kein Dasein im Hintergrund einer Anlage fristen, sondern können mit etwas Geduld, einer ruhigen Hand und ein wenig Farbe zum Blickfang werden.

Als Arbeitsmittel werden nur feinste Pinsel und Lackstifte benötigt. Zuerst werden die Autos in ihre Einzelteile zerlegt und das Gehäuse eventuell in einer vorbildgerechteren Farbe lackiert, da sie von Haus aus eher wie knallbunte Bonbons aussehen. Zeitgleich kann der Innenraum dunkelgrau lackiert werden; nach dem Trocknen erhalten die Sitze einen braunen oder hellgrauen Anstrich. Parallel dazu werden die Reifen in der Farbe Anthrazit gestrichen und später die Felgen in Grau oder Silber. Bei Lastwagen und Bussen älteren Baujahres können die Felgen auch in Rot bemalt werden. Je nach Aussehen des Vorbilds werden die Stoßstangen in Silberchrom, Schwarz oder der Wagenfarbe lackiert. Die am Gehäuse angespritzten Vorderscheinwerfer werden weiß, die Rück- und Bremslichter rot und die Blinker orange gestrichen.

Bei vielen Autotypen sind auch noch Teile wie Türgriffe, Spiegel oder Lüfterbleche chromfarben zu lackieren. Ebenfalls in Chromsilber waren bei vielen Fahrzeugen der Nachkriegszeit die Herstellersymbole und die Kühlerabdeckbleche, deren Vertiefung zur besseren Tiefenwirkung vorher noch mit schwarzer Farbe ausgefüllt wird. Mit ruhiger Hand und einem schmalen Pinsel oder Klebestreifen können auch noch Zierlinien dargestellt oder mit Draht eine Antenne eingebaut werden. Wenn im Bereich der Vorderachse die Reifen zunächst abgetrennt und dann ohne Achse in entsprechend eingearbeitete Kerben im Fahrgestell angeklebt werden, entsteht der Eindruck eines abbiegenden Fahrzeugs. Nach dem Zusammenbau werden die Nummernschilder noch mit weißer Farbe angedeutet oder in größeren Spurweiten durch entsprechende Nass-Schiebebilder dargestellt.

4.21 Autofahrer

Das Vorbild

Automobile und Lastkraftwagen befördern Personen oder Güter von einem Ort zum andern. Nur wenn die Fahrzeuge abgestellt sind, sind sie leer. Falls sie aber aktiv am Straßenverkehr teilnehmen, ist zur Steuerung zumindest ein Fahrer notwendig. Je nach Größe des Fahrzeugs können mehrere Insassen von außen sichtbar sein, denn Autos oder Omnibusse dienen hauptsächlich dem Zweck der Personenbeförderung.

Der Nachbau im Modell

Die meisten der Kraftfahrzeuge auf der Modellbahn fahren dagegen führerlos und ohne Zweck durch die Modell-Landschaften, denn in Ihnen sitzen weder Fahrer noch sonstige Passagiere. Auf den detailliert ausgestalteten Anlagen mit ausgezeichnet zugerüsteten Schienenfahrzeugen ist dies ein Zustand, dem mit wenig Aufwand und geringen Kosten schnell abgeholfen werden kann.

Die meisten Modellautos lassen sich dank der Clipstechnik und zusammengesteckter Einzelteile mit etwas Gefühl leicht zerlegen. Das Innenteil mit den Sitzen wird herausgenommen und gemäß den eigenen Vorstellungen umlackiert (siehe 4.20). Anschließend werden sitzende Miniaturfiguren durch Feilen an allen später nicht sichtbaren Körperteilen und Abtrennen der Füße den beengten Platzverhältnissen im

Zur Freude des Busunternehmers ist dieser Omnibus mit Fahrer und Passagieren auf den Modellstraßen unterwegs.

Modellauto angepasst. Insbesondere beim Fahrer, der durch sein Lenkrad beengt ist, werden diese Anpassungsarbeiten leicht zur Geduldsprobe, denn besser dreimal zu wenig abgefeilt als einmal zu viel.

Zusätzlich können die Arme der Fahrerfigur durch vorsichtiges Erwärmen für kurze Zeit weich und damit beweglich gemacht werden, um sie ans Lenkrad zu legen oder den Ellenbogen aus dem geöffneten Fenster zu halten, so dass ein »Manta-Arm« entsteht. Abschließend werden die Figuren eingeklebt und das Auto nach dem Trocknen des Klebstoffes wieder zusammengesetzt. Danach rollt es nicht mehr unbesetzt über die Anlage.

4.22 Kabel über die Straße

Das Vorbild

Für viele Tätigkeiten und Arbeiten benötigt man Elektrizität, doch nicht immer steht sie in unmittelbarer Nähe zur Verfügung. Vor allem auf Baustellen an Straßen oder Gebäuden befindet sich der nächste elektrische Anschluss-Schaltkasten häufig an anderer Stelle, z.B. auf der gegenüberliegenden Straßenseite. In diesem Fall wird mit Hilfe eines stabilen Gerüstes aus Holz ein Kabel in luftiger Höhe quer über die Straße verlegt. Die Höhe des Gerüstes ist erforderlich, damit der Straßenverkehr weiterhin ungehindert rollen kann.

Das Gerüst selbst besteht aus mindestens zwei Holzpfosten, die links und rechts der Straße ihren Platz haben. Damit diese Pfosten einen sicheren Stand haben, sind sie am unteren Ende mit Ballast beschwert oder in Rohre eingelassen, die mit Zement oder Beton gefüllt sind. Die oberen Enden der Holzpfosten sind mit einem waagerechten Balken verbunden, auf dem das Elektrokabel oben aufliegt und mit kleinen Holzleisten fixiert ist. Um dem Gerüst noch mehr Stabilität zu verleihen, werden meist noch schräge Verbindungstreben zwischen Pfosten und Balken oder mit einem zusätzlichen Pfosten eingebaut. Die Lebensdauer der Konstruktion ist beschränkt, denn mit dem Ende der Baustelle wird auch das Gerüst wieder abgebaut.

Der Nachbau im Modell

In der Nähe einer Straßenbaustelle oder eines Bauplatzes entsteht ein solches Gerüst auch auf der Modellbahnanlage. Man benötigt lediglich

Abgelenkt: Eigentlich wollte unser Autor das Holzgerüst, das ein Kabel über der Straße führt, fotografieren, aber dann kam der alte Magirus-Deutz um die Ecke gebrummt.

Ein moderner Fachwerkholzbalken überspannt hier mit drei Stützpfosten eine Straße, einen Rad- und einen Gehweg. Die Pfosten erhalten ihren stabilen Halt von Rohrteilen, die mit Beton ausgefüllt sind.

ein passendes Rohr, etwas Farbe, einige Holzleisten und schwarze Schaltlitze. Zuerst wird ein Rohr mit einem Durchmesser von umgerechnet ca. 1,5 m (Vorbildmaß) ausgesucht, von dem man Scheiben mit einer Dicke von ca. einem Meter absägt. Anschließend werden die entstandenen Ringe entgratet und betongrau lackiert. Gleichzeitig werden die Holzleisten, aus denen die Pfosten entstehen, so abgelängt, dass später unter dem fertigen Gerüst ein Lastwagen hindurchpasst.

Nach dem Trocknen der Scheiben, werden diese mit einer Modellspachtelmasse (z.B. Revell-Plasto) gefüllt und die Pfosten sofort senkrecht in die feuchte Spachtelmasse eingesteckt. Wenn alles ausgehärtet ist, leimt man auf die Pfosten eine weitere Holzleiste, deren Länge der Straßenbreite entspricht. Anschließend werden kleinste Holzabfallstückchen links und rechts des waagerechten Balkens angeleimt, um später das Kabel zu fixieren. Zusätzlich kann eine weitere Rohrscheibe mit Spachtelmasse und einem kürzeren Pfosten gebaut sowie mit Hilfe einer Leiste eine Querverstrebung zu einem Pfosten dargestellt werden. Danach wird dieses Rohbaugerüst am Einsatzort aufgestellt und angeklebt, um dann im nächsten Arbeitsschritt mit Holzbeize farblich behandelt zu werden. Nach der Trockenphase wird Modellschaltlitze mit schwarzer Umhüllung als Elektrokabel von einem Schaltkasten über das Gerüst hinweg bis zur Baustelle verlegt. Auf dem waagerechten Balken wird das Kabel mit Sekundenkleber zwischen den kleinen Holzfixierungen befestigt. Zum Schluss sorgen Straßenschilder mit Durchfahrtshöhe oder Geschwindigkeitsbegrenzung am Gerüst für ein besonders authentisches Aussehen.

4.23 Transportable Schilder

Das Vorbild

Verkehrsteilnehmer auf unseren Straßen werden durch Schilder auf Gefahren, Gebote oder Verbote hingewiesen. Normalerweise stehen diese Verkehrsschilder dabei rechts des Fahrweges oder unmittelbar vor einer Gefahrenstelle und sind entweder fest mit dem Boden verbunden oder an Ampeln, Masten oder Wänden befestigt.

Allerdings gibt es Ausnahmen, denn aufgrund von Baustellen, Umleitungen oder anderen vorübergehenden Änderungen tritt immer wieder die Situation auf, dass Schilder für eine kurze Zeit aufgestellt werden müssen, so dass sich ein fester Einbau nicht lohnt. In diesen Fällen baut eine Baufirma oder der städtische Bauhof transportable Schilder auf, die am oberen Ende eines Metallrohres befestigt sind. Das untere Ende des Rohres hat einen schweren Standfuß, damit keine Windböe das Schild umstößt.

Oft wird dieser Fuß dabei in Eigenproduktion hergestellt und nicht selten kommen dabei alte Autoreifen zum Einsatz, die mit Zement ausgegossen und in der Aushärtungsphase gleich mittig mit einem eingesteckten langen Metallrohr versehen werden, oder alte Metallfelgen, an denen das Rohr angeschweißt wird. Je nach Einsatzzweck werden diese Halterungen zur besseren Erkennung rot-weiß lackiert. Diese aus Resten entstandenen Schilderständer kommen beim Vorbild unter anderem als provisorische Bushaltestellen, als Umleitungsschild oder auch paarweise als Baustellenabsperrung vor. Mitunter sind mehrere dieser Ständer, mit einer rot-weißen Kette verbunden, als Absperrung zu finden.

Der Nachbau im Modell

Im Modell sind transportfähige Schilder außer zur kurzzeitigen Veränderung eines Motivs ei-

Wegen einer Baustelle steht hier kurzfristig ein transportables Schild. Es wurde an einer Stange befestigt, die zur Beschwerung an eine alte Felge geschweißt ist.

Hier testen die Autoren noch selbst: Trotz des zusätzlichen Gewichts fällt die Eigenkonstruktion aus Beton, alten Reifen und einem Schild an zwei Stangen nicht um.

gentlich nicht nötig. Doch im Bereich von Baustellen oder anderen Absperrungen sorgen sie für Abwechslung in dem Schilderwald der kleinen Welt. Der Aufwand zum Nachbau ist gering, lediglich Reste und ein paar Stecknadeln werden benötigt. Für das eigentliche Schild genügen die vielen Hausbausätzen beiliegenden Schilderdrucke, bei besonderen Einsatzzwecken kann z.B. bei Truck Line auf ein breites Schilderangebot zurückgegriffen werden.

Zum Nachbau des Standfußes finden sich Reifen in der Bastelkiste. Sie werden flach auf eine Folie gelegt und mit Modellspachtelmasse (z.B. von Revell-Plasto) aufgefüllt. Während der Trockenphase, die ein paar Tage braucht, wird eine Stecknadel als Mastrohr mittig in die Spachtelmasse gesteckt. Wenn die Masse ausgehärtet ist, kürzt man die Stecknadel mit einem Seitenschneider auf die gewünschte Länge. Danach wird entweder der vollständige Halter in Rot-Weiß oder zumindest das Rohr in Grau lackiert. Abschließend wird mit Sekundenkleber noch das gewünschte Verkehrschild senkrecht am oberen Ende der Nadel befestigt.

Der Nachbau der Felgenvariante ist ebenfalls einfach und benötigt statt des Reifens eine Felge, die am besten noch eine Achse besitzt. Wenn diese nicht mehr vorhanden ist, genügt eine Stecknadel. Zuerst wird die Felge mit der normalerweise am Auto sichtbaren Seite nach oben flach hingelegt. Anschließend wird die Achse oder die Nadel von oben in das mittige ehemalige Achsloch gesteckt und festgeklebt. Die restlichen Arbeitsschritte gleichen denen der Reifenvariante; beim Lackieren kann die Felge auch in rostigen Farbtönen gestrichen werden.

Fleißig verlegen die Preiserleins ein paar Meter unterhalb des Straßenniveaus neue Wasserrohre.

4.24 Straßenbaustelle

Das Vorbild

Straßenbaustellen sorgen immer für Unbequemlichkeiten im Verkehr. Oft genug müssen die Autofahrer wegen gesperrter Wege weiträumige Umleitungen in Kauf nehmen oder bei der Verengung des Fahrweges an der Baustellenampel den Gegenverkehr abwarten. Viele Baustellen haben eine unterirdische Ursache, denn unter den Straßen verlaufen besonders in Städten zahlreiche Kabel und Rohre. Sie versorgen die angrenzenden Häuser mit Strom, Wasser, Gas und Telefon oder entsorgen das Abwasser.

Bauliche Änderungen oder Reparaturen an diesem Versorgungsnetz zwingen die Betreiber von Zeit zu Zeit, die Straße an der betreffenden Stelle abzusperren und mit Hilfe moderner Baumaschinen ein Loch in das Erdreich zu graben, bis das betreffende Kabel oder Rohr erreicht ist. Der anfallende Erdaushub liegt dabei meist gleich neben dem Baggerloch, um das Loch nach Beendigung der Arbeiten wieder zu füllen. Daneben lagern die neuen Rohre oder Kabel oder die schon ausgebauten und verrosteten alten Exemplare. Häufig werden die ausgebauten Teile gleich in einem bereitgestellten Container entsorgt.

Der Nachbau im Modell

Eigentlich gibt es in unserer Miniaturwelt keine unterirdisch verlegten Rohre oder Kabel, die eine Straßenbaustelle nötig machen. Dennoch ist sie ein schöner Blickfang, der sich mit wenig Mühe auch in eine bestehende Anlage einfügen lässt.

Nach der Auswahl eines entsprechenden Straßenabschnitts wird das Bauloch angezeichnet und aus der Anlagenplatte herausgeschnitten. Für die Tiefe der Grube gibt es dabei keine Regel, denn sie hängt von der vermeintlichen Ursache ab. Innerhalb der Grube sollten bei tiefen Löchern oder zu steilen Wänden zusätzliche Wandabstützungen aus Holzprofilen für ausreichende Stabilität sorgen.

Die Rohre entstehen aus entsprechenden Profilen durch Absägen und Lackieren mit grauer Farbe. Erdkabel lassen sich mit schwarz ummantelter Kabellitze darstellen. Dann werden die Rohre und Kabel waagerecht in die Seitenwände der Grube gesteckt und dort festgeklebt. Anschließend verkleidet man Boden und Wände mit Modellerde, d.h., sie werden mit einer Spachtelmasse aus fein gesiebtem Vogelsand, Leim und dunkelbrauner Dispersionsfarbe bestrichen. Wenn zu viel dieser Masse angerührt wurde, lässt sie sich leicht als Aushub neben der Baugrube zu einem Hügel formen. Allerdings sollte dieser während des Trocknens immer wieder aufgeraut werden, da er sonst einem Brei gleicht.

Auf der Straße neben der Baustelle kann man mit einem überzähligen Radsatz eines Modellautos und etwas brauner Farbe einige Reifenspuren der Baustellenfahrzeuge aufbringen. Zusätzliche Absperrungen, Verkehrschilder oder Warnlampen machen die Baustelle gut sichtbar.

Dieses Bild von Tiefbauarbeiten zeigt einige Anregungen zum Nachbau, wie z.B. durchgetrennte Kabel, Gehwegschutzgitter oder einen Kanalschacht mit Deckel.

Ein Materiallager und entsprechende Baufahrzeuge runden die Gestaltung außerhalb der Baugrube ab.

5. Durch die Wälder, durch die Auen

Abseits des Bahndammes

Abgesehen vom vorangegangenen Kapitel standen bisher Details rund um die Eisenbahn im Mittelpunkt dieses Buches. Jedoch gibt es genug Kleinigkeiten und Ideen ohne einen direkten Bezug zur Bahn, die sich aber zum Nachbau für unsere kleine Modellbahnwelt gut eignen. Im Gegensatz zur Modellbahn, bei der in den meisten Fällen zunächst die Gleise verlegt und erst danach die Landschaft gestaltet wird, verhält es sich beim Vorbild umgekehrt: Zuerst war die Landschaft da, an die sich die Eisenbahn später anpasste. Die Eisenbahnstrecken teilten daher Wälder und Felder, überquerten Flüsse und Seen. Mit Kunstbauten wie Dämmen, Einschnitten oder Tunneln prägte das neue Verkehrsmittel viele Regionen.

Dennoch haben die Gebiete, die von der Bahn befahren werden, ihren ursprünglichen Charakter behalten und stecken voller Kleinigkeiten, deren Umsetzung ins Modell lohnt. Da ist beispielsweise der Wald, durch den eine Eisenbahnstrecke quer hindurch gebaut wurde. Er ist kein Urwald mehr, wie in früheren Jahrtausenden, sondern ein Nutzwald. Die moderne Forstwirtschaft hegt und pflegt den Wald unter wirtschaftlichen Aspekten, damit die Bäume gut wachsen und später als Nutzholz verkauft werden können. Aus diesem Grund entstehen in einem Wald teilweise kahl geschlagene Flächen, die nach einiger Zeit wieder aufgeforstet werden.

An anderer Stelle zieht man wiederum junge Bäume auf. Diese Baumschulen werden mit

E18 05

Zäunen gegen Hirsche und Rehe geschützt, damit das Wild die jungen Triebe nicht abfrisst. Allerdings sieht man dieses scheue Waldvolk selten, doch Futterkrippen und Jagdhochsitze lassen ihre Anwesenheit auch im Modell erahnen. In einem eingezäunten Gehege unweit des Waldparkplatzes gibt es jedoch verschiedene Waldbewohner zu bestaunen.

Ebenfalls am Rand des Waldes ist für Sportler ein Trimm dich-Pfad mit diversen Übungen eingerichtet worden, während für Kinder nicht weit davon ein kleiner Abenteuerspielplatz angelegt wurde. Ein Ort, an dem die Kleinen gerne spielen, ist der ebenfalls in der Nähe fließende Bach, denn in ihm kann geplanscht und nach Herzenslust Staudämme gebaut werden. Zum Ausruhen nach Sport und Spiel dienen ein Grillplatz sowie diverse Bänke.

Noch viele zum Nachbau anregende Details aus dem Wald ließen sich hier aufzählen. Aber dieses Thema steht hier in seiner Ausführlichkeit nur stellvertretend für andere Landschaften. Denn wer als Eisenbahnfreund beim Sonntagsausflug mit der Familie die Augen offen hält, wird bald feststellen, dass es viele Kleinigkeiten zu entdecken gibt. Dabei muss der Spaziergang nicht einmal unbedingt entlang einer Eisenbahnstrecke gehen, denn interessante Details lassen sich beim Vorbild überall finden und machen unsere kleine Modellwelt entlang der Gleise wieder ein Stückchen glaubhafter.

Noch ein Tipp am Schluss: Um die gefundenen Details später genau nachzubauen, hilft häufig ein Foto. Deshalb lohnt sich der Kauf einer einfachen Kamera, denn sie ist überall dabei und sofort griffbereit, während die große Fotoausrüstung beim Radfahren oder Wandern zu sperrig und auch zu schwer ist.

5.1 Trimm-dich-Pfad

Das Vorbild

Bereits Ende der 60er-Jahre des vergangenen Jahrhunderts legten viele Gemeinden in einem benachbarten Waldstück einen Trimm-dich-Pfad an. Bei den aus Split oder Schotter gebauten Pfaden handelte es sich meist um einen Rundkurs von ungefähr zwei Kilometern Länge. Auf diesem Rundkurs standen in regelmäßigem Abstand verschiedene Sportgeräte wie z.B. Klimmzugstangen, Hürden, Kletterseile oder einfach nur Balken, an denen bestimmte Turnübungen absolviert werden mussten.

Die Geräte baute man aus einfachen Materialien wie Eisenstangen, Baumstämmen oder dicken Ästen. Kleine schwarze Männchen auf hellblauen Schildern machten die Übungen vor. Hier war auch die erforderliche Anzahl der Wiederholungen angegeben. Eine weitere Ziffer gab die Nummer der Station auf dem Parcours an.

Mittlerweile sind viele dieser Trimm-dich-Pfade verfallen oder wurden umgebaut, dann findet man die Sportgeräte alle vereint am Schluss des Rundkurses auf einer Lichtung. Die blauen Schilder sind ebenso verschwunden, dafür heißen diese Rundkurse jetzt Fitnesspfad und haben individuelle Schilder.

Der Nachbau im Modell

Auf Modellbahnanlagen werden diese Sportparcours viel zu selten nachgebaut, obwohl sie mit ihren Geräten und Tafeln einen originellen Blickfang entlang eines Waldes bieten. Dabei muss natürlich nicht ein kompletter Trimm-dich-Pfad entstehen, sondern es reicht, den Verlauf des Pfades über eine Lichtung darzustellen. Dort auf der Lichtung oder auch am Waldrand können die typischen Sportgeräte wie Klimmzugstange oder Kletterseil mit Hilfe von Zahnstochern errichtet werden.

Mit wenig Aufwand erstellt man eine Klimmzugstange aus drei Zahnstochern ohne Spitzen und Stecknadeln. Am ausgewählten Platz werden drei kleine Löcher in den Boden entlang einer Geraden in gleichmäßigen Abständen gebohrt und in diese dann die Zahnstocher eingeklebt. Zwei nebeneinander stehende Hölzer sollten dabei noch umgerechnet ca. 250 cm (Vorbildmaß) und das Dritte noch ca.

Statt die vorgeschriebenen Klimmzüge an Station 15 zu absolvieren, misst einer der Autoren lieber das Sportgerät aus.

Rustikale Einladung zum Sport: In Aufbau und Gestaltung passen sich die Geräte eines Trimm dich Pfads ihrer Umgebung an.

200 cm (Vorbildmaß) über der Erde zu sehen sein. Jeweils zwischen dem höheren und dem mittleren Zahnstocher sowie dem mittleren und dem kürzeren Zahnstocher werden passend abgelängte Stecknadeln mit Sekundenkleber waagerecht knapp unterhalb der oberen Enden befestigt.

Ein anderes ohne viel Aufwand zu erstellendes Gerät sind Baumstammstücke zum Bockspringen. Dazu werden Abfallstücke der Zahnstocher, die ungefähr bis zur Hüfte einer Miniaturfigur gehen, auf den Waldboden geklebt. Aus mehreren kurzen, quer liegenden Hölzern und drei darauf in gleichem Abstand zueinander aufgeklebten Zahnstochern lässt sich auch schnell ein Sportgerät für Bauchaufzüge oder Liegestütze bauen.

Doch es führte zu weit, an dieser Stelle den Nachbau aller möglichen Geräte zu beschreiben. Aber der nächste Fitnesspfad hat genügend Anregungen, die mit etwas Kreativität umgesetzt werden können. Grundsätzlich sollten alle verwendeten Hölzer nach den Klebearbeiten noch mit Holzbeize bestrichen werden, um ein realistischeres Äußeres zu erhalten. Zum Abschluss werden noch an einem zusätzlichen Pfosten oder einem Baumstamm Schilder mit Zahlen oder dem verkleinerten Foto eines Originalschildes mit der entsprechenden Übung angebracht und einige Figuren an die Geräte gestellt.

5.2 Nadelbaumwälder

Das Vorbild

Viele Schienenwege, vor allem Nebenstrecken, durchqueren ausgedehnte Wälder, die zumindest in Mitteleuropa häufig aus zahllosen Nadelbäumen bestehen. Von weitem betrachtet sieht solch ein Wald wie eine einzige grüne Masse mit einigen herausragenden Spitzen aus. Erst bei näherem Hinsehen erkennt man, dass diese Masse aus einzelnen Bäumen besteht. Denn es gibt unterschiedliche Baumarten wie zum Beispiel Tanne, Lärche und Fichte, die sich in Größe, Wuchsform oder auch im Farbton ihrer Nadeln unterscheiden. Das Aussehen oder die Artenvielfalt eines Nadelwaldes differiert außerdem nach der landschaftlichen Region.

Der Nachbau im Modell

Auf vielen Modellbahnen ist ein Wald entlang der Bahnstrecke ein beliebtes Thema, dass häufig mit Hilfe von Nadelbäumen gestaltet wird. Die Auswahl an Bäumen ist in den Katalogen der Zubehörhersteller sehr groß, denn sie reicht von einfachen bürstenartigen Baumnachbildungen bis zu aufwändig mit echtem Moos bestückten Modellbäumen. Letztere sind allerdings eher als einzeln stehender Blickfang einzusetzen, als für die komplette Nachbildung eines ganzen Waldes, denn dies würde das Finanzbudget der meisten Modellbahner sprengen. Daher eignen sich für die Nachbildung eines größeren Waldgebietes die meist in Großpackungen angebotenen »Bürstenbäume« besser.

Allerdings kann der optische Eindruck dieser Bäume durch eine kleine Bastelarbeit noch erheblich verbessert werden. Dabei werden die Bürsten im ersten Arbeitsschritt mit einer Schere unregelmäßig beschnitten, wobei besonders im unteren Bereich auch in der Breite einiges abgenommen wird, damit die Bäume später dicht nebeneinander aufgestellt werden können. Danach werden die Bürsten mit Klebstoff wie zum Beispiel Holzleim eingestrichen oder mit Sprühkleber benetzt und dann sofort mit dunkelgrünen Streufasern von oben und der Seite bestreut.

Die drei Stadien der Nadelbaumbastelei: im Original, ausgeschnitten und neu beflockt.

Solange der Klebstoff trocknet, werden die Bäume mit ihrem Drahtende in einen Styroporblock gesteckt. Danach wird das überzählige Streumaterial abgeschüttelt und bei Bedarf der Arbeitsgang noch mal wiederholt. Grundsätzlich wird beim Bestreuen und beim Abschütteln das herunterfallende Streu aufgefangen und später wiederverwendet.

Beim Aufstellen der Bäume werden die Drahtenden in vorgebohrte Löcher im Untergrund gesteckt oder aber der Draht abgezwickt und der Baum festgeklebt. Damit der Wald später als Einheit wirkt, sollten dabei annähernd gleich große Bäume nebeneinander stehen, so

Hier sieht man den Wald vor lauter Bäumen: Die verbesserten Bäume sorgen für einen harmonischen und natürlichen Eindruck.

dass sich nur die Spitzen unterscheiden. Am Waldrand dagegen können auch kleinere und größere Bäume nebeneinander gesetzt werden. Als Auflockerung der Nadelbaum-Monokultur eignen sich Laubbäume, die ebenfalls aus mit Streufasern verbessertem Islandmoos selbst gefertigt werden.

5.3 Baumschule

Das Vorbild

In so genannten Baumschulen wachsen im Wald junge Nadelbäume nach bis sie groß genug für die Verpflanzung in ein anderes Waldstück sind oder als Weihnachtsbäume enden. Damit die jungen Bäume nicht unter Wildverbiss leiden müssen, sind Baumschulen meistens mit einem Maschendrahtzaun umgeben. Innerhalb dieser Zäune stehen die Bäume in einer ansonsten für einen Wald untypischen Ordnung – in Reih und Glied. Zwischen den Reihen mit den kleinen Bäumen ist noch viel Platz und es wächst dort dann meist höheres Gras.

Der Nachbau im Modell

Eine Baumschule ist nach der Auswahl eines geeigneten Waldstückes im Modell einfach zu bauen. Zuerst wird der Waldboden wieder mit braunem Streumaterial gestaltet und dann mit einem Maschendrahtzaun umspannt. Danach verbessert man kleine Bürstentannen mit Streumaterial (siehe 5.2) und stellt sie in mehreren Reihen innerhalb der Einzäunung auf, wobei zwischen den Reihen ein Weg freigehalten wird. Besonders gut sieht es aus, wenn die Größe der Bäume in den verschiedenen Reihen leicht variiert. Zum Abschluss wird der sichtbare Waldboden mit grünen Streufasern als Gras beklebt und

Nicht nur Nadelbäume, sondern auch Laub- und Obstbäume müssen eine Baumschule besuchen.

Die karge Lichtung ist unübersehbar. Ob hier ein Sturm sein Unwesen getrieben hat oder die Forstwirtschaft ihrer Arbeit nachgegangen ist, lässt sich allerdings nicht feststellen.

am Zaun ein Schild mit dem Hinweis »Betreten verboten!« montiert.

5.4 Gerodetes Waldstück

Das Vorbild

Die meisten Wälder in Mitteleuropa dienen nicht nur als Naherholungsgebiete, sondern auch als Nutzwald für die Forstwirtschaft. Dabei steht der Holzverkauf im Vordergrund. Planmäßig werden dabei ganze Waldabschnitte gerodet, die Stämme von den Asten befreit und der restliche Stamm auf Lastwagen verladen und abtransportiert. Übrig bleiben anstelle eines ehemals dichten Waldes ein paar Baumstümpfe und Zweige auf einer großen Lichtung, die später wieder aufgeforstet wird. Die Lichtung hat meistens einen rechteckigen Grundriss, umgeben von hohen Bäumen und einem Waldweg.

Der Nachbau im Modell

Es bietet sich allein deshalb schon an, ein gerodetes Waldstück im Modell nachzubilden, weil den Großpackungen mit Tannen etliche Plastiknachbildungen von Baumstümpfen beiliegen, die häufig bei den Bastelarbeiten übrig bleiben. Als Erstes sucht man eine geeignete rechteckige Fläche in seinem Modellwald aus und gestaltet dort mit braunem Streumaterial den Waldboden. Gleichzeitig werden die Baumstümpfe mit einem Bastelmesser entgratet und dann das Loch in der Mitte jedes Stumpfes mit Spachtelmasse verschlossen. Anschließend lackiert man den Stumpf im matten Holzbraun und färbt ihn nach dem Trocknen in der Mitte hellbraun bis ocker ein, um die frische Schnittfläche darzustellen.

Im folgenden Arbeitsgang werden die Stümpfe auf dem Waldboden mit klarem Holzleim festgeklebt. Das gerodete Waldstück wirkt noch naturgetreuer, wenn man es vereinzelt mit Grasbüscheln, Streufasern, Moos oder Grasflocken begrünt. Auch ein kleiner Ast aus dem heimischen Garten, der einen liegen gebliebenen Baum oder Ast darstellt, macht sich gut. Holzstapel, ein Langholzlaster oder Waldarbeiter beleben die Szenerie zusätzlich.

5.5 Szene am Bach

Das Vorbild

Fließende Gewässer, ob Bach oder Rinnsal, eignen sich besonders zur Landschaftsgestaltung auf der Modellbahn. Neben dem Bau von Stegen oder Brücken bieten sie durch die Jahrtausende währende Arbeit des Wassers die Möglichkeit landschaftsformender Aspekte wie ein abgesenktes Bachbett oder tiefe Felseinschnitte. Üppiges Grün, meist saftig-dunkel mit hohen Büschen und Bäumen, unterscheiden den naturbelassenen Bach von seiner Umgebung, z.B. einem Feld oder einem kleinen Dorf.

Aber auch streng kanalisierte Bäche der Neuzeit sind nachbildenswert, tragen sie doch in nicht unerheblichem Maß zur realistischen Landschaftsgestaltung an gegebener Stelle bei. Angler, Badende oder Kanalarbeiter bevölkern diese Szenerie und bieten wiederum zusätzliche Motive zum Nachgestalten.

Der Nachbau im Modell

Das schwierigste Unterfangen beim Bau eines Baches im Modell ist die Wassernachbildung.

Fenstermalfarbe eignet sich auch zur Wasserimitation: Nicht nur Bäche, Flüsse und Seen, sondern auch Pfützen oder Brunnen lassen sich damit hervorragend nachbilden.

Szene am Bach mit klarem Wasser: Die Fenstermalfarbe wurde in diesem Fall nicht abgetönt. Dagegen erhält man Schmutzwasser, indem Grün und Graubraun unter die klare Farbe gemischt werden.

Dazu stehen verschiedene Materialien zur Auswahl: Bekannt sind Klarlack, Gießharz, EZ-Water oder verschiedene Leime und Kleber. Es gibt aber auch noch eine weitere Möglichkeit, um Wasser in kleinen schmalen Bächen oder Tümpeln sowie Pfützen nachzubilden. Die im Bastelgeschäft erhältlichen Fenstermalfarben *Window Colors* eignen sich optimal für diesen Zweck. Besonders der Klarlack ist hervorzuheben: Er trocknet bis zu einer Schichtdicke von 3 mm transparent aus, behält weitgehend sein Volumen, die Ergebnisse sind korrigierbar, die Verarbeitung ist kinderleicht und die Kosten halten sich in Grenzen. Einziges Problem ist die Trockenzeit von ca. 3-6 Tagen, die von der Schichtdicke abhängt und die zwei bis drei Millimeter nicht übersteigen sollte.

Die Ausgestaltung des Bachbettes erfolgt in herkömmlicher Weise: Ist über die Art des Baches entschieden – hier ein naturbelassenes Bächlein – wird das Bachbett in unregelmäßiger verschlungener Form ca. einen Zentimeter tief ausgehoben. Steil abfallende Uferhänge sollten ebenso wie flache verlandende Ufer mit ange-

Ist das auch alles in Ordnung? Die beiden Autoren untersuchen die Negativformen für den Nachbau von Felsen und ein entsprechendes Probestück aus Modelliermasse.

Die Felsen aus der speziellen Modelliermasse sorgen dafür, dass sich das Spur-N-Modul mit dem Burgberg und seinen massiv aussehenden Felsen leicht transportieren lässt.

spültem Sand, Geröll und Treibholz ausgeführt werden. Die Grundform modelliert man am besten mit einer Mischung aus Gips, Leim und Farbe. Der Bachgrund wird mit feinem dunklem Sand dargestellt, der zum Ufer hin heller wird, als Faustregel gilt: je tiefer oder feuchter desto dunkler.

Der Bewuchs des Ufers aus Schilf, Algen und Büschen sowie kleinen Bäumen und Grünstreu folgt. Sumpfige oder morastige Stellen im Umfeld des Baches können aus feinem braunem Woodland-Turf nachgebildet werden. Algenimitationen aus Schaumstoff im Bachbett selbst sind weniger empfehlenswert, da Luftblasen aus ihnen entweichen und im Window-Color-Wasser sichtbar bleiben. Wenn alles gut getrocknet ist, wird das Wasser aus der Spritzflasche strangweise aufgebracht und vorsichtig mit einem Zahnstocher verzogen. Boote oder Badende sowie Angler – generell alles was sich im Wasser tummelt – können nun in das Bachbett gesetzt werden.

Es ist zu jedem Zeitpunkt der Verarbeitung wichtig, dass Luftblasen weitgehend vermieden werden, ebenso sollte der Bach ca. zwei Tage ruhen und zusätzlich staubfrei gehalten werden, bis sich an der Oberfläche eine dünne Haut bildet. Zum Schluss lässt sich mit etwas Fantasie eine sehenswerte Szene am Bach gestalten.

5.6 Leichtbau-Felsen

Das Vorbild

Nur wenige Landschaften sind vollständig eben. Die meisten Regionen sind hügelig oder sogar bergig, so dass sich Berge und Täler abwechseln. An steilen Berghängen wird dabei das Gestein in Form von Felsen sichtbar. Dabei kann es einzelne Felsbrocken innerhalb eines Waldes genauso geben wie wild zerklüftete Felsschluchten, in denen unten ein Bach fließt.

Das Erscheinungsbild und die Farbe der Felsen hängt dabei von dem jeweiligen Grundgestein ab und wechselt von Region zu Region. So hat ein Felsen aus leicht brüchigem Schiefer mit seinen schmalen, dunkelgrauen Platten ein anderes Erscheinungsbild als ein hellgrauer Granitfels oder ein ockergelber Sandstein.

Der Nachbau im Modell

Auf vielen Modellbahnanlagen gibt es Hügel, Berge, Täler und sogar wildromantische Schluchten. Ein wichtiges Gestaltungsmittel für die Wirkung der Berge sind dabei die Felsen. Sie entstehen nach vielen verschiedenen Methoden, wobei die Felsen oft mit Hilfe von entsprechend eingefärbter Korkrinde oder in Modellgips eingeritzte Strukturen dargestellt werden. Diese Bauweisen sind allgemein bekannt, so dass sie an dieser Stelle nicht weiter beschrieben werden. Für Modulbahner oder Besitzer anderer transportabler Anlagen eignet sich dagegen die weitaus unbekannte Variante einer Methode, die lästiges Gewicht auf Reisen einsparen hilft.

Der amerikanische Produzent Woodland stellt Gummiformen her (in Deutschland vertrieben durch die Firma Noch), in denen normalerweise Felsen aus Gips gegossen werden, die im gehärteten Zustand und nach einer farblichen Behandlung auf der Anlage ihren Platz finden. Entsprechend eingebaut haben sie eine gute optische Wirkung, doch beim Transport kann der Gips leicht brechen und behindert zusätzlich durch sein Gewicht.

Statt des Gipses eignet sich auch eine besonders leichte, lufthärtende Modelliermasse aus dem Bastlerbedarf, um die Felsen herzustellen. Zuerst wird die Masse geknetet und in die Felsenformen gepresst, sofort wieder entnommen und geprüft, ob eine ausreichende Felsstruktur entstanden ist. Falls nicht, drückt man einfach die Masse nochmals in die Form. Der anschließende Prozess der Aushärtung an der Luft dauert einige Tage, in dieser Zeit kann der neue Fels noch weiterhin dem Untergrund durch Biegen oder Schneiden angepasst werden.

Nach dem Aushärten wird das Felsmodell mit Leim am vorgesehenen Untergrund festgeklebt und mit Dispersions- oder Plakafarbe im gewünschten Grauton gestrichen. Wenn dieser Anstrich getrocknet ist, wird mit einem fast trockenen Pinsel hellere, graue Farbe über hervorstehende Felsen und größere Oberflächen gestrichen. Durch die dunklere Farbe in Ritzen oder Ecken und der helleren Farbe auf den Oberflächen entsteht eine plastische Tiefenwirkung. Zum Schluss klebt man noch grünes Streumaterial als kleine Grasflächen auf die waagerechte Felsoberfläche oder Foliage als Kletterpflanzen an die Seiten.

5.7 Wasserspeicher

Das Vorbild

Eine Errungenschaft der Moderne ist Wasser, das bei Betätigen eines Wasserhahns einfach aus der Leitung geflossen kommt. Damit das kühle Nass allen Haushalten einer Siedlung immer in ausreichender Menge und mit gleich bleibendem Druck zur Verfügung steht, sind Wasser-

Dieser Wasserspeicher mit Pumpstation versorgt von einem erhöhten Hügel aus eine größere Gemeinde mit Wasser.

Nichts geht über die Recherche vor Ort: Hier erklärt ein Mitarbeiter der Stadtwerke die Arbeitsweise und die Anlage des Wasserspeichers.

speicher und Pumpstationen notwendig. Meist sind diese Bauwerke höher als die mit Wasser zu versorgenden Gebäude angeordnet, um den nötigen Druck zu erzeugen.

In flachen Gegenden oder in der Nähe von Bahnbetriebswerken wurden daher oft die weithin sichtbaren Wassertürme errichtet, während in hügeligem Gelände die Bauwerke nahezu unsichtbar in Berge oder Anhöhen gebaut wurden. In diesen Fällen passte man einen Wassertank mit einer Pumpstation so in einen Hang hinein, dass von außen meist nur die Vorderwand mit den vorderen Teilen der Seitenwände zu sehen ist. Auch das Dach ist meist nicht sichtbar, denn oft ist es begrünt, so dass es das Landschaftsbild nicht stört.

Damit der Wasserspeicher zugänglich bleibt, sind in der Vorderseite noch eine Tür und manchmal zusätzlich vergitterte Fenster zu erkennen. Stellenweise sieht man zwischen dem Grün auf dem Dach noch Rohre zur Entlüftung. Als Baumaterial wurden in früheren Zeiten meist Ziegelsteine verwendet, während heute Betonbauwerke zum Einsatz kommen.

Der Nachbau im Modell

Auf der Modellbahnanlage gibt es zwar in der Regel kein fließendes Wasser, dennoch macht sich an einem Hang in der Nähe einer Miniaturstadt ein Wasserspeicher als Blickfang gut. Nach der Wahl eines passenden Standortes legt man die ungefähre Größe des Modellbauwerkes fest. Der Bau selbst kann entweder aus überzähligen Teilen eines Hausbausatzes oder aus Mauerplatten entstehen. Benötigt werden dazu drei Wandteile, die alle die gleiche Höhe haben sollten. Die Seitenwände können kürzer als die Vorderseite sein, die zusätzlich noch eine Tür und eventuell einige Fenster haben sollte.

Bei der Bauweise mit Mauerplatte müssen diese Öffnungen noch ausgesägt und mit Teilen aus der Bastelkiste bestückt werden. An-

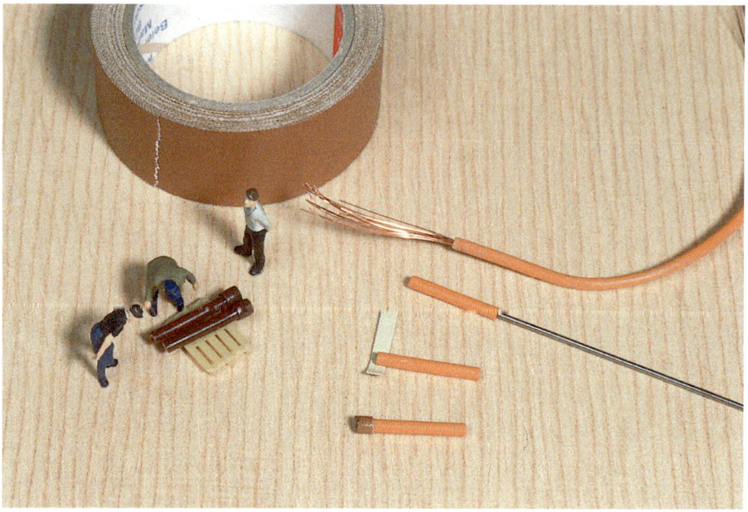

Wieder eine Resteverwertung: Tonrohre aus Kabelisolierung sind für Baustellen, Lagerstätten, Güterwagenladungen und vieles mehr geeignet.

schließend werden die Wände farblich einander angepasst und nach dem Trocknen u-förmig zusammengeklebt. Am zukünftigen Standort arbeitet man eine ebene Fläche für das Wandgebilde aus dem Modellgelände heraus und befestigt dann die Wände.

Als nächsten Schritt sägt man für das Bauwerk aus Mauerplatten entweder ein leicht überstehendes Dach oder ein genau eingepasstes, innen etwas tiefer liegendes Flachdach zu und klebt es ein. Mit Spachtelmasse werden jetzt noch etwaige Ritzen oder Lücken zwischen Gelände und Wasserspeicher aufgefüllt. Auch das Dach erhält noch Entlüftungsrohre, die aus der Bastelkiste stammen oder aus Kunststoff-Spritzlingen entstehen. Abschließend wird das Dach ganz oder zumindest teilweise und das Gelände um das Bauwerk vollständig begrünt.

5.8 Abflussrohre

Das Vorbild

Kaum eine Hausbaustelle kam und kommt ohne Tonrohre aus. Auch aufgerissene Straßen sind geeignete Einsatzorte für Rohre. Als Baumaterial gestapelt oder schon in feinen Kies gebettet, ergeben sie ein ansprechendes Detail, das einfach nachzubauen ist. Die 150 cm langen Rohre haben einen Durchmesser von 25 cm, zum einfachen und dichten Verlegen sind sie ineinander steckbar. Dazu sind sie an einem Ende auf einer Länge von 23 cm ca. 33 cm dick, das Innenmaß dieser Aufweitung entspricht dem Außenmaß des Rohrkörpers, so dass dieser dicht eingesteckt werden kann.

Der Nachbau im Modell

Im Modell entstehen diese Tonrohre oder modernere Kunststoffrohre durch ein echtes Recycling von Altstoffen. Das geeignete Baumaterial sind Kabelisolierungen, die je nach Maßstab unterschiedliche Querschnitte besitzen müssen. Die Nenngröße H0 erfordert z.B. 0,5 oder 0,75 Schaltlitzen, um aus dem Isolierkunststoff maßstäbliche Rohre zu fertigen; im Maßstab 1:160 reicht auch eine 0,15 Schaltlitze aus.

Die Schaltlitzen werden zuerst von der Kupferleitung abgezogen und auf die geeignete Länge geschnitten. Die Maße sind anhand der Vorbildmaße errechenbar. Danach werden sie mit einem Federstahlkern, der etwas kürzer als das fertige Rohr sein sollte, gerade ausgerichtet. Der Federstahlkern verhindert ein dauerhaftes Verbiegen des Kunststoffes. Im nächsten Arbeitsschritt wird das Rohr entfettet, um die weitere Arbeit zu erleichtern. Die Verdickung am einen Ende des Rohres wird mit zurechtgeschnittenem dicken Klebeband (z.B. Gewebeband von Tesa) dargestellt, das einfach mit etwas Überstand um ein Ende des Rohres gewickelt wird. Statt des Klebebandes kann, falls vorhanden, mit einem passenden Stück Messing- oder Kunststoffrohr aus der Bastelkiste die Verdickung noch besser nachgebildet werden. Soll ein verlegtes Rohr nachgebildet werden, wird das Rohr am Stück verlegt und im gleichmäßigen Abstand mit dem Klebeband umwickelt.

Die Farbgebung ist wie folgt: Innenfarbe Ocker, Außenfarbe Dunkelbraun glänzend, die Öffnungen können in Schwarz abgesetzt werden. Kunststoffrohre aus orangefarbenem oder grauem Isolationsmaterial brauchen nicht lackiert zu werden. Weitere Einsatzmöglichkeiten der Rohre ergeben sich als Ladegut für Güterwaggons oder Lastwagen in geschnürten Bündeln, die sogar am Modellkran hängen können.

5.9 Wasserrohr

Das Vorbild

In hügeligen oder gar bergigen Regionen stehen zahlreiche Stützmauern aus Beton oder Steinen, damit Straßen, Schienenwege oder auch nur eine ebene Gartenterrasse gebaut werden können und später nicht durch einen Hangrutsch gefährdet sind. Diese oft dicke und stabile Baustoffschicht würde aber alleine auf Dauer der Natur nicht standhalten, denn durch Regen- und Grundwasser würde sich das dahinter liegende Erdreich lockern und die Mauer würde langsam unterspült. Das hätte zur Folge, dass die Konstruktion instabil und irgendwann verfallen würde. Daher sind in der festen Mauer in regelmäßigen Abständen Wasserrohre eingebaut, die das dahinter angestaute Wasser abfließen lassen und so eine Unterspülung verhindern.

Der Nachbau im Modell

Für die Modellstützmauern entlang von Eisenbahnstrecken und Straßen besteht natürlich aufgrund des ausbleibenden Regens eigentlich keine Gefahr einer Unterspülung, dennoch lohnt es sich, die Rohre nachzubauen. Sie lockern eine

Die Schmutzspuren zeigen: Durch die Entwässerungsrohre dieser Mauer ist schon viel Wasser geflossen.

Mit dem Umbau eines alten Personenwagens zum Gartenhaus schuf sich hier ein Eisenbahnfreund sein eigenes Reich.

längere Mauerpartie auf, sorgen für Abwechslung und sind nicht zuletzt vorbildgetreu.

Als Material für den Nachbau werden lediglich kurze Kunststoff- oder Metallröhren und etwas Farbe benötigt. Zuerst werden in der ausgewählten Mauer an frei gewählten Stellen, aber in regelmäßigen Abständen, waagerechte Löcher in der Größe der Modellrohre gebohrt. Gleichzeitig werden die Rohre auf Einzelstücke mit einer Länge von etwa zwei Zentimeter gesägt und anschließend betongrau oder metallblaugrau eingefärbt. Nach dem Trocknen steckt man sie zusammen mit einem Tropfen Holzleim in die Bohrlöcher, so dass einige Millimeter des Rohres zu sehen sind. Abschließend lassen sich mit Hilfe verschiedener Farben die getrockneten Spuren des aus den Rohren an der Wand heruntergelaufenen Schmutzwassers darstellen.

5.10 Personenwagen als Gartenlaube

Das Vorbild

Um Geld zu sparen, bauten findige Zeitgenossen vor allem in der ersten Hälfte des 20. Jahrhunderts ausgemusterte Waggons zu Gartenlauben, Gaststätten oder Vereinsheimen um. Oft wurden dabei zweiachsige Länderbahnbauarten oder Fahrzeuge mit einem Defekt am Fahrgestell verwendet. Dabei sieht kein ehemaliger Personenwagen gleich aus: Der Eine wurde seines gesamten Fahrgestells beraubt, der Nächste in Höhe des Fahrgestells eingemauert und der Dritte auf Balken aufgebockt.

Meistens erhielten die Waggons eine Ofenheizung und ein WC sowie ein Kamin- oder Entlüftungsrohr, das man auf dem Dach anbrachte. Häufig wurden kaputte Fenster aus Kostengründen nicht ersetzt, sondern lediglich mit Holz- oder Blechplatten verschlossen. Nicht selten brachte man in Verlängerung des Daches eine Pergola oder an der Seite einen Wind- oder Sichtschutz an.

Der Nachbau im Modell

Wie im Modell eine solche Gartenlaube aussieht, bleibt letztlich jedem Modellbauer selbst überlassen. Deshalb findet sich an dieser Stelle auch keine exakte Bauanleitung, sondern nur eine Richtlinie. Außerdem bestimmt der Inhalt der Bastelkiste und die Bauart des ausrangierten Personenwagens oder eines anderen einfachen Fahrzeugs aus einer Anfangspackung das endgültige Aussehen der Laube.

Im ersten Arbeitsschritt werden die Achsen des Personenwagens ausgebaut und die am Rahmen angespritzten Achshalter und Federnachbildungen weggeschnitten. Danach entfernt man die Puffer. Anschließend wird das Gehäuse abgenommen und der Wagen mit einer einfachen Inneneinrichtung versehen. Außerdem lassen sich einige der Fenster entfernen und der leere Fensterrahmen mit Holzfurnierstreifen oder Strukturplastikplatten hinterkleben.

Nachdem man das Gehäuse und das ehemalige Fahrgestell wieder zusammengesetzt hat, wird der Rahmen mit braun gefärbten Vierkantleistchen als Balkenimitation unterlegt und verklebt, damit durch das Erhöhen unter dem Wagen ein Stauraum entsteht. Zusätzlich schützt dies die Innenräume gegen Hochwasser, wenn die Laube im Überflutungsgebiet eines Flusses steht. Selbstverständlich kann man auch auf das Fahrgestell verzichten, denn diese Bau formen gab es ebenfalls.

Zum Abschluss wird mit vorhandenen Kleinteilen die neue Laube im Detail ausgestaltet. Eine kleine Treppe zu den Türen des Wagenkastens und ein Entlüftungsrohr auf dem Dach sollten dabei genauso wenig fehlen, wie eine Bank vor dem Wagen. Auch Pergola und Windschutz (siehe Band 1), Kletterpflanzen und Gartengeräte, Regentonne und -rinne verschönern dieses kleine Idyll.

5.11 Ein kleiner Gartenzaun

Das Vorbild

Grundstücke, Gärten und Weideflächen besitzen meist eine Einfriedung. Zäune, Hecken und Mauern eignen sich bestens für diese Aufgabe. In vielen Modellbahnlandschaften fehlen derartige Bauten. Deshalb lohnt es sich, an dieser Stelle einen kleinen Gartenzaun vorzustellen.

Eine häufig anzutreffende Bauart ist die Kombination eines kleinen Betonsockels mit einem Lattenzaun. Die jeweiligen Grundmaße sind natürlich verschieden, da eine Normung nicht beachtet werden muss, insbesondere ältere Bauten oder Bilder aus längst vergangenen Zeiten machen dies deutlich.

Die hier beschriebene Bauart eignet sich deshalb bestens für die Epochen 2 bis 4, aufgrund der aufwändigen Kleinarbeit bietet sich dieser Blickfang besonders für einzeln stehende Gebäude wie ein Bahnwärterhaus oder einen Eisenbahnergarten an.

Der Nachbau im Modell

Ausgestattet mit den ermittelten Vorbildmaßen, lassen sich die benötigten Modellmaße leicht errechnen. Der Vorbildzaun besitzt einen 50 x 30 cm großen Betonsockel. Der Lattenzaun besteht aus 110 cm langen und 10 cm breiten Kiefernlatten, deren Dicke 2 cm beträgt. Zusammengehalten werden die einzelnen Latten von zwei 10 x 8 cm großen Kanthölzern, die jeweils ca. 10 cm von der oberen und unteren Kante des Zaunes entfernt verlaufen. Auf diese Kanthölzer sind die Holzlatten geschraubt, so

Hier wird die Mauerhöhe nachgemessen und auf Genauigkeit geprüft.

Die beiden Zimmerleute bemühen sich redlich, den Modellzaun fertig zustellen. Ob sie wohl noch die Unterstützung eines Modellbauers benötigen.

So ein schmucker Zaun eignet sich natürlich hervorragend für einen kleinen Schwatz.

dass sich zwischen den einzelnen Latten ein ca. 5 cm breiter Spalt ergibt. Die Verbindung von Mauer und Zaun übernehmen 15 x 9 cm große Doppel-T-Profile aus Eisen.

Das Vorbild wurde im Maßstab 1:87 ins Modell umgesetzt. Seine Maße lassen sich, leicht abgewandelt in der Größe, problemlos übernehmen. Den Anfang der Bastelei bildet der Betonsockel, den man aus 6 x 2,3 mm großen Balsaholzleistchen fertigt, die gespachtelt und geschliffen werden. Den Abschluss der Sockelarbeiten stellt der Anstrich dar. Er ist besonders wichtig, da erst die richtige Farbgebung dem Sockel sein betonartiges Aussehen gibt.

Vor dem Anstrich wird die hellgraue Betonfarbe mit etwas Braun und Ocker gebrochen. Nach dem Trocknen der Grundfarbe altert man den Sockel mit einem Borstenpinsel, damit er ein verwittertes Aussehen erhält: Schmutzfarben wie Moosgrün, Flechtengelb und Dunkelgraubraun werden mit fast trockenem Pinsel wiederholt aufgetupft oder gestrichen. Zum Abschluss werden die Kanten vorsichtig mit einem sehr hellen Grau in der gleichen Weise hervorgehoben.

Holz ist auch im Modell das beste Material zum Herstellen eines Lattenzaunes. Das Baumaterial ist im gut sortierten Fachhandel als Holzprofil erhältlich, kann aber auch vorsichtig aus Furnier, am besten ohne Jahresringe, wie Limba oder Abachi mit einem scharfen Bastelmesser zugeschnitten werden. Um den Zaun rationell zu erstellen, empfiehlt es sich, die einzelnen Bauteile auf Vorrat zuzuschneiden. Man beginnt mit den Querlatten, die aus 1,5 x 1,0 mm großen Kanthölzern hergestellt werden und auch gleich die richtige Länge des späteren Zaunes aufweisen sollten.

Um die folgende Arbeit zu erleichtern, werden sie aber noch ein wenig präpariert. Auf eine Seite des Kantholzes wird dünnes doppelseitiges Klebeband aufgebracht und gerade geschnitten. Darauf lassen sich anschließend die einzelnen Latten schnell und einfach befestigen. Nun schneidet man die einzelnen Latten in der Modellgröße 13 x 1,2 x 0,5 mm zu und klebt sie mittels eines selbst gefertigten unteren Anschlages auf die Kanthölzer, so dass sie oben und unten 1,5 mm überstehen.

Damit die Latten im selben Abstand zueinander befestigt werden, hält man jeweils ans Ende der letzten Latte ein 0,7 mm dickes Stück Furnier, das die Lücke markiert. In der gewünschten Farbe lackiert und alle zwei Zentimeter mit einem Standpfosten aus 1,8 x 1 mm großen und 14 mm langen Kunststoffprofilen versehen, ist die Hauptarbeit am Zaun nach dem Befestigen auf dem Betonsockel beendet.

Ein Gartentor nebst Befestigungssockeln, das man z.B. mit Gitterstäben aus etwas längeren Latten fertigt, rundet den guten Gesamteindruck ab und macht das Motiv zu einem echten Hingucker.

5.12 Maschendrahtzaun

Das Vorbild

Die unter 5.11 vorgestellte Sockelmauer eignet sich auch für den unlängst viel zitierten Maschendrahtzaun. Er besteht aus ca. drei Millimeter starkem Eisendraht, der entweder verzinkt oder mit Kunststoff ummantelt ist. Er wurde so verarbeitet, dass sich 6 x 6 cm große Quadrate ergeben, die auf einer Ecke stehen.

Pfosten aus Stahlrohren oder Profilen, die rund alle zwei Meter angeordnet sind, sorgen für einen sicheren Stand. Die optimale Höhe für Hauszäune liegt bei 1 m bis 1,2 m, um den Charakter einer Festung zu vermeiden. Industriezäune sind dagegen in den meisten Fällen sehr viel höher bemessen.

Der Nachbau im Modell

Die Schwierigkeit bei der Nachbildung des Maschendrahtzaunes im Modell liegt in der Maschenweite begründet. Auch wenn die vorbildgetreue Maschenweite im Maßstab 1:87 (H0) mit 0,69 mm noch nachbildbar ist, bleibt aus der Ferne betrachtet von den Maschen meist nur ein unscharfes Gebilde übrig. Normales Fliegengitter mit einer Maschenweite von ca. 1,8 mm erscheint

Durch den großen Abbildungsmaßstab wirkt der feine H0-Zaun als wäre er ein Original.

in H0 als zu grob, jedoch ist es in der Nenngröße 0 (Maßstab 1:43,5) der ideale Werkstoff.

Ein vorbildgerechter Drahtzaun für die Nenngröße H0 kann aber mit etwas Glück im Haushaltswarengeschäft beschafft werden: Tee- oder Mehlsiebe eignen sich besonders als Spender eines Maschendrahtzaunes; auch Baumärkte oder Baustoffhandlungen sind lohnende Ziele. Die Firma Conrad Electronics bietet fertig konfektioniertes Maschengewebe mit ca. 0,46 mm Maschenweite an, das sehr fein ausfällt. Alle Ausgangsmaterialien zur Zaunherstellung sollten allerdings aus flexiblen Materialien gefertigt sein, dies erleichtert die Arbeit, besonders wenn der Zaun über Eck geht. Pfostenmaterial aus Holz oder Kunststoffprofil kann individuell verwendet werden, unzählige Vorbilder sind vorhanden. Grüne oder silbergraue Zinkfarbe gibt dem Zaun den richtigen Anstrich.

5.13 Weldezaun

Das Vorbild

Weidezäune dürfen auf keiner ländlich geprägten Modellbahnanlage fehlen. Die Begrenzungen der Viehweiden bestehen überwiegend aus einfachen Holzpfosten und Stacheldraht. Sie sind schnell und kostengünstig aus feinen Holzprofilen und grauem Nähgarn herzustellen.

Die Vorbildmaße sind höchst unterschiedlich, als Richtmaße können jedoch eine Pfostenhöhe von ca. 110 cm und ein Pfostenabstand von ca.130 cm angenommen werden. Der Stacheldraht ist ca. 10 cm unterhalb der Oberkante sowie ca. 30 cm oberhalb des Bodens festgenagelt. Einfache Gatter aus Holzlatten ermöglichen den Zugang zu den Weiden.

Der Nachbau im Modell

Der hier vorgestellte H0-Weidezaun besteht aus feinem 0,8 mm x 1,2 mm Holzprofil als Pfosten sowie grauem Nähgarn als Stacheldrahtimitat. Die Holzpfosten werden auf eine Länge von 15 mm abgelängt, von denen 12,5 mm sichtbar bleiben. Der Rest des Pfostens steckt in den vorbereiteten Löchern im Abstand von 15 mm in der Anlagengrundplatte. Unregelmäßige Abstände und eine Aufstellung der Pfosten im leichten Zickzack sind ebenso wie windschiefe oder verrottete Zaunpfosten möglich.

Die Zaunpfosten werden in die Erdlöcher geleimt und graubraun gealtert. Nach dem vollständigen Durchtrocknen wird das Nähgarn am ersten Pfosten angeklebt, muss aber zunächst ebenfalls trocknen. Nun wird zuerst der untere Faden einmal um den jeweils nächsten Pfosten geschlungen

So ein Weidezaun muss nicht unbedingt auf dem Feld stehen, auch in Dörfern ist er zu finden.

und mit einem kleinen Tropfen Sekundenkleber befestigt, bis das Ende des Zaunes erreicht ist. Ebenso wird der obere Faden an den Pfosten befestigt. Dann ist der Zaun fertig gestellt.

5.14 Pferdekoppelzaun

Das Vorbild

In ländlichen Gebieten findet man immer wieder Pferdekoppeln, die durch Zäune aus massivem Holz begrenzt werden. Dieser Zaun besteht aus vielen senkrecht in den Boden gerammten Pfosten, die miteinander durch zwei oder drei Querstangen verbunden sind. Sie umschließen meist ein größeres Gelände. Das Tor zur Koppel besteht entweder aus Holz oder aus Metall.

Der Nachbau im Modell

Ein Pferdezaun lässt sich im Modell mit Hilfe von Zahnstochern darstellen, aber auch feinere Holzprofile sind geeignet. Letztere dienen

Dieser Pferdekoppel-Zaun entstand aus massiven Holzbalken. Zusätzlich pflanzte man direkt am Zaun einen Sichtschutz aus Sträuchern.

außerdem problemlos als Geländer an Hangwegen oder im Wald.

Im Gegensatz zu den meisten Zäunen aus dem Modellbaugeschäft, kann der an dieser Stelle vorgestellte Zaun auch in Hanglage nachgebaut werden. Als Erstes werden die Pfosten aus Zahnstochern in kleine Bohrungen, unabhängig vom umliegenden Geländeprofil, senkrecht in den Boden geklebt. Die Höhe der Pfosten sollte dabei mit der Brusthöhe eines Modellpferdes gleichkommen und der Abstand der Pfosten zueinander gleichmäßig sein. Anschließend ergeben sich mehrere Möglichkeiten des Weiterbaus: Man muss sich zwischen zwei oder drei Querstangen entscheiden und überlegen, ob die unteren Querstangen sich am Pfosten überlappen oder wie die obere Stange mittig am Pfosten enden und auf gleicher Höhe weitergehen sollen.

Danach werden aus Zahnstochern, denen bereits die Spitzen fehlen, die passenden Querstangen abgelängt und mit wenig Holzleim an die Pfosten geklebt. Wenn sich in der Bastelkiste kein Tor findet, entsteht aus den Zahnstochern ein passendes Rechteck mit schrägen Verstärkungen als Koppelöffnung. Zum Schluss gibt Beize den Holzteilen das richtige Aussehen.

5.15 Tujahecken

Das Vorbild

Einfassungen aus Hecken sind ebenfalls eine Möglichkeit, um ein Grundstück zu umgrenzen. Schnell und dicht wachsende Tujahecken werden in der neueren Zeit häufig verwendet, sind sie doch auch im Winter grün und bieten dadurch ganzjährig einen Sichtschutz. Rechtwinklig zurechtgestutzte Hecken sind der Stolz des Besitzers und werden gehegt und gepflegt. Solche meist auf einem kleinen Betonsockel gesetzten Hecken können durchaus eine Höhe 2,5 m erreichen und geben dadurch einen gefälligen Anblick. Dem Modellbahner bietet sich der Nachbau dieser Hecken aufgrund des schnellen und einfachen Aufbaues besonders an.

Der Nachbau im Modell

Die im Maßstab 1:87 nachgebildete Hecke wurde auf dieselbe Mauer gesetzt, die bereits den Lattenzaun trägt (siehe 5.11). Dadurch ist ein direkter Vergleich beider Bauarten möglich. Vorbildgetreue Maße lassen sich schwer angeben,

Der innere Aufbau der Tujahecke ist gut zu erkennen. Obwohl sie gerade erst gepflanzt wurde, bringt sie ihr neuer Besitzer bereits in Form.

Ein Futterdepot rundet die ländliche Anlagenszenerie ab. Beim Vorbild verdeckt die Plane Zuckerrüben, im Modell versteckt sich darunter Styropor.

da es der Besitzer in der Hand hat, wie er seine Hecke beschneidet. Modellgerecht sind Höhen von 1-2,5 cm, sie wirken wohlproportioniert.

Aufgebaut sind die Hecken aus Woodland Foliage Hellgrün (Nr. 95400), es entspricht der Tujafarbe am besten und hat eine sehr vorbildgetreue Struktur. Der Kern der Modellhecke besteht aus grün lackiertem Alufliegengitter. Dieses Grundgerüst bietet neben der Stützfunktion weitere Vorzüge: Die Hecke bleibt durchsichtig, sie ist biegbar und dadurch auch einfach um Ecken zu bauen.

Die Anfertigung der Hecke geschieht folgendermaßen: Der Fliegengitterkern, der ca. zwei Millimeter kleiner sein sollte als das Höhenmaß der Hecke, wird grün lackiert. Das Foliagestück, das die eigentliche Hecke darstellt, wird aus einem Stück geschnitten und mit Universalkleber um den Drahtkern gelegt, so dass ihn die Foliage wie ein U umschließt. Die offene U Seite wird nun nach unten gedreht und so mit Klebstoff am vorbereiteten Untergrund befestigt.

5.16 Futterdepot

Das Vorbild

In der Nähe von Bauernhöfen oder auf freiem Feld sind immer wieder mit einer Plane geschützte Futterdepots zu finden. Die Landwirte lagern dort Futter für ihre Tiere, wie z.B. Stroh oder Zuckerrüben, das zwar geerntet wurde, aber im Moment auf dem Bauernhof noch keinen Platz hat und auch nicht benötigt wird. Oft sind diese Depots von einem Feldweg ausgehend in einen kleinen Hang hineingebaut. Die Anlagen sind fast immer rechteckig und haben mindestens die Breite eines Traktors. Von der Vorderseite her sind die Futterlager offen, während die drei anderen Seiten meist mit Stein- oder Betonmauern umgeben sind. Damit die Traktoren auch bei nasser Witterung keine Probleme mit dem Fahrweg haben, bestehen die Böden aus Beton oder sind mit Platten ausgelegt.

Das in diesen Depots eingelagerte Futter ist meist als Hügel angeschüttet oder in Ballenform gestapelt. Eine Folie sorgt für den notwendigen Regenschutz. Damit der Wind die weiße, graue oder beige Folie nicht forträgt, wird die Plane an den Enden durch alte Reifen oder Steine beschwert.

Der Nachbau im Modell

Zuerst wählt man den zukünftigen Standort des Futterdepots an einem Feldweg aus und zeichnet dort die rechteckigen Außenmaße an. Wenn der Standort wie beim Vorbild am Hang liegt, wird das Gelände innerhalb der angezeichneten Maße so weit waagerecht abgetragen, dass die Zufahrt vom Weg aus erfolgen kann. Anschließend wird eine Kunststoffplatte mit Platten- oder Betonstruktur als Boden passend zugeschnitten und eingeklebt. Aus Mauerplatten werden als Nächstes die drei Seitenwände zugesägt und u-förmig eingeklebt. Danach schneidet man ein Stück Styropor so zu, dass es auf drei Seiten abfällt und wie ein aufgeschütteter Hügel wirkt. Mit der senkrecht abfallenden vierten Seite nach hinten wird das Styroporteil direkt an der hinteren Mauer auf den Boden geklebt.

Aus einer farblich passenden Einkaufstüte schneidet man ein Stück Folie zu, das groß genug ist, um das komplette Styropor zu verdecken. Jetzt fehlen nur noch die Reifen, die die Folie beschweren. Sie finden sich bestimmt in der Bastelkiste.

5.17 Misthaufen

Das Vorbild

Zu einem typischen Bauernhof auf dem Lande gehört neben Stallgebäuden und Weiden auch

Für die ungeübte Nase des Autors war es sicherlich kein einfacher Einsatz, als er die Maße des Misthaufens aufnahm. Für Bauer Schorsch auf seinem Traktor gehört dieser Duft dagegen zum Alltag.

Mittels Schmirgelpapier erhält man einen vollständig ebenen Schotterweg oder -platz. Zusätzliche Einfärbung mit Kreidepulver steigert das vorbildgetreue Aussehen.

ein Misthaufen, der die bekannte, wohlriechende Landluft verbreitet. Diesen Haufen umschließt eine Mauer aus Beton, Holz oder Stein. Die Grundform ist dabei meist rechteckig oder quadratisch und hat Seitenlängen zwischen drei und fünf Metern. In kleinerer Form gibt es Misthaufen auch in der Nähe von Kleintierzüchtern mit ihren Stallhasen oder anderen Tieren.

Der Nachbau im Modell

Beim Nachbau im Modell wird zuerst die Größe des Haufens festgelegt und dann ein geeigneter Standort gewählt. Dieser sollte in der Nähe eines Stalles und eines Weges liegen. Anschließend muss entschieden werden, ob die Mauern ein U oder ein geschlossenes Viereck bilden sollen. Beim Nachbau entstehen die Seitenwände entweder aus Kunststoffplatten (für Mauerwerk) oder aus grauem Karton (für Betonmauern).

Während die Kunststoffplatten nach Wunsch zugeschnitten und verklebt werden, schneidet man die Seitenwände aus einem Stück Karton zu, das dann entsprechend gefaltet und am Boden festgeklebt wird. Danach wird ein Stück Styropor als Unterfütterung passend für den Hohlraum zugeschnitten und an den oberen Seiten angeschrägt. Nach dem Festkleben mit Holzleim wird das Styropor mit Dispersions- oder Plakafarbe braun-schwarz gefärbt. Zum Schluss wird noch eine Mischung aus gelblichen Streufasern als Strohnachbildung und braunschwarzem Streumaterial in Holzleim gestreut, mit welchem man zuvor das gefärbte Styroporstück eingestrichen hat.

5.18 Schotterwege

Das Vorbild

Bei vielen untergeordneten Verkehrswegen, wie z.B. Feldwegen, Zufahrten und Wanderpfaden, wäre der Aufwand einer festen Fahrbahndecke zu groß und zu teuer, so dass diese Wege häufig eine Oberfläche aus Sand, Schotter oder Splitt haben.

Welches Material dabei beim Vorbild zum Einsatz kommt, bestimmen meist Preis und Verfügbarkeit. In früheren Zeiten wurde den regionalen Steinbruchprodukten der Vorzug gegeben, was auch die unterschiedlichen Farben der Schotterwege von Region zu Region erklärt. Auch an Nebenstrecken der Bahn gibt es geschotterte Bahnsteige oder Laderampen. Selbst einzelne Ladestraßen waren und sind bis heute nur geschottert.

Der Nachbau im Modell

Für den Nachbau von Schotterwegen und sandgestreuten Plätzen im Modell gibt es viele bekannte Methoden und auch viele unterschiedliche Streumaterialien. Je nach Bedarf bewährt sich dabei die eine oder andere Methode besser oder schlechter. Beim Nachbau von ebenen Schotterflächen, wie z.B. in Hinterhöfen oder als Bahnsteigbelag, ergibt sich teilweise das Probleme, diese Flächen mit losem Streumaterial wirklich eben zu gestalten.

Abhilfe schafft hier Schleifpapier, mit dessen Hilfe die Schotterflächen dargestellt werden. Dabei sollte in Räumen mit hoher Luftfeuchtigkeit Nass-Schleifpapier den Vorzug gegenüber Trockenschleifpapier erhalten, denn das Letztgenannte wird oft mit Hilfe von Knochenleim produziert, der in feuchten Räumen schimmeln und stinken könnte. Im Baumarkt gibt es die unterschiedlichsten Körnungen an Schleifpapier, die je nach gewähltem Maßstab oder Zweck genutzt werden können.

Die Schleifpapierbögen werden mit Bastelmesser oder Schere passend zugeschnitten und mit Holzleim festgeklebt. Der Klebstoff sollte dabei flächig aufgetragen werden, damit keine Wellen entstehen, und außerdem während der Trocknungsphase gleichmäßig beschwert werden. Wichtig ist auch, dass der Untergrund absolut glatt ist und keine Unebenheiten aufweist. Abschließend kann noch eine farbliche Behandlung mit stark verdünnter Wasser- oder Plakafarbe erfolgen.

5.19 Weg am Hang

Das Vorbild

Wer schon einmal durch hügeliges Gelände wanderte, ist sicher schon auf einem Nebenweg oder Trampelpfad gegangen, der am Rand eines Hangs entlang führte. Damit an einem Hang überhaupt die gewünschte Breite für einen sicheren Weg entsteht, stützt man diesen am Rand mit Hilfe von Holzlatten und Pfosten an der dem Tal zugewandten Seite ab. Dabei werden die Latten und Balken parallel zueinander und auch zum Weg gelegt und mit in die Erde getriebenen Pfosten gegen ein Abrutschen befestigt.

Je nach Bedarf und der Steilheit des jeweiligen Berges werden dabei auch mehrere Lagen von Latten übereinander gebaut. Die dabei entstandene Mulde wird mit Erde oder Schotter aufgefüllt und ergibt einen Weg. Diese Art von Wegen findet sich auch in Kleingärten oder Weinanbaugebieten. Vielfach verläuft der Weg dabei in Serpentinen den Berg hinauf.

Der Nachbau im Modell

Auch in unserer Miniaturwelt gibt es genügend Gartengrundstücke mit Trampelpfaden am Hang oder Wegen, die einen kleinen Berg entlang führen. Der Nachbau im Modell ist nicht schwierig und lässt sich in kurzer Zeit bewerkstelligen. Die Materialkosten dabei sind sehr niedrig, denn es werden lediglich Zahnstocher, Sand und Stecknadeln benötigt.

Zuerst entfernt man die Spitzen der Zahnstocher mit Hilfe eines Bastlermessers und längt den Rest danach so ab, dass die übrig gebliebenen Hölzer auf den Vorbildmaßstab umgerechnet ca. zwei Meter Länge haben. Gleichzeitig wird auf einem geeigneten Hanggrundstück der Modellbahnanlage der Verlauf und auch die Breite des Weges festgelegt. Anschließend werden immer zwei Stecknadeln im selben Abstand, der etwas kürzer als die Länge der Zahnstocherhölzer ist, am talseitigen Rand des Weges in den Hangboden gesteckt und so festgeklebt, dass mindestens die Hälfte noch sichtbar ist.

Jetzt werden die vorbereiteten Zahnstocher zur Probe von der Bergseite her an die Stecknadeln gelegt, eventuell auch in mehreren Lagen übereinander gestapelt. Falls nun die Höl-

Jenseits der Gleise liegt das kleine Paradies: Dieser Hangweg fuhrt vom Bahnwärterhaus in den Schrebergarten auf der anderen Seite des Bahndammes.

Hier lässt sich die talseitige Abstützung eines Weges am Hang mittels einfachster Baumaterialien gut erkennen.

zer nicht ordentlich liegen, muss durch Verschieben oder Austauschen gegen kürzere Zahnstocher die beste Lage ermittelt werden. Danach werden diese mit einigen Tropfen Sekundenkleber an den Stecknadeln festgeheftet. Wenn der Klebstoff getrocknet ist, werden die Nadeln mit einem Seitenschneider auf Höhe der Hölzer abgezwickt. Im nächsten Arbeitsgang werden dann die Zahnstocher mit Holzbeize eingelassen und die Stecknadeln holzbraun lackiert.

Nach dem Trocknen wird der Sand mit Holzleim und Wasser vermischt und nach Wunsch noch etwas Farbe untergerührt. Diese Masse bildet den eigentlichen Weg und wird in die Vertiefung zwischen Zahnstocher und Hang eingefüllt, bis der Weg mit den Hölzern waagerecht abschließt. Während der Sand aushärtet, wird die Oberfläche immer wieder glatt gestrichen. Zum Abschluss der kleinen Bastelarbeit wird am Rand und teilweise auch auf dem Weg mit grünen Fasern der Grasbewuchs nachgebildet.

Anhang

Maßstabstabelle für vorbildliche Modellproportionen.
Diese Tabelle dient dem Vergleich der einzelnen Spurweiten zueinander und soll die Größenverhältnisse der Eisenbahn in ihrer Umwelt zeigen.

	Vorbildmaß	Spur 1	Spur 0	Spur H0	Spur TT	Spur N	Spur Z
Maßstab	1:1	1:32	1:43,5	1:87	1:120	1:160	1:220
Regelspur	1435 mm	45 mm	32 mm	16,5 mm	12 mm	9 mm	6 mm
Mindestradius	190 m	5930 mm	4360 mm	2180 mm	1580 mm	1190 mm	860 mm
Fahrzeuge							
Lok BR 044	22,6 m	706 mm	519 mm	259 mm	188 mm	141 mm	103 mm
Lok BR 212	12,1 m	378 mm	278 mm	139 mm	101 mm	76 mm	55 mm
Lok BR 110	16,4 m	512 mm	377 mm	188 mm	137 mm	103 mm	75 mm
Schnellzugwagen	26,4 m	825 mm	607 mm	303 mm	220 mm	165 mm	120 mm
4-achs Umbauwagen	19,5 m	609 mm	448 mm	224 mm	162 mm	122 mm	89 mm
gedeckter Güterwagen	10,6 m	331 mm	244 mm	122 mm	88 mm	66 mm	48 mm
4-achs Rungenwagen	19,9 m	622 mm	457 mm	229 mm	166 mm	124 mm	90 mm
Bahnsteigbreiten und Höhen							
Hausbahnsteig	mind. 400 cm	12,5 cm	9,2 cm	4,6 cm	3,3 cm	2,5 cm	1,8 cm
Inselbahnsteig	mind. 600 cm	18,8 cm	13,8 cm	6,9 cm	5 cm	3,8 cm	2,7 cm
Schüttbahnsteig einseitig	mind. 300 cm	9,4 cm	6,9 cm	3,5 cm	2,5 cm	1,9 cm	1,4 cm
Bahnsteigkante Epoche 2/3	600 mm	19 mm	13 mm	7 mm	5 mm	4 mm	3 mm
Bahnsteigkante Epoche 4	900 mm	28 mm	21 mm	10 mm	7,5 mm	6 mm	4 mm
Straßen							
geteerter Feldweg	2650 mm	83 mm	61 mm	30,5 mm	22 mm	16 mm	12 mm
Wohnstraße	4000 mm	125 mm	92 mm	46 mm	33 mm	25 mm	18 mm
Landstraße	7400 mm	231 mm	170 mm	85 mm	62 mm	46 mm	34 mm
Autobahn	10000 mm	312 mm	230 mm	115 mm	83 mm	62,5 mm	45,5 mm
Bäume und Pflanzen							
Stiel-Eiche	25 m	78 cm	57 cm	29 cm	21 cm	16 cm	11 cm
Bergahorn	35 m	109 cm	80 cm	40 cm	29 cm	22 cm	16 cm
Trauerweide	20 m	62 cm	46 cm	23 cm	17 cm	12,5 cm	9 cm
Tanne	70 m	21 8cm	161 cm	80 cm	58 cm	44 cm	32 cm
Fichte	55 m	172 cm	126 cm	63 cm	46 cm	34 cm	25 cm
Kiefer	40 m	125 cm	92 cm	46 cm	33 cm	25 cm	18 cm
Koniferen	2 m	6,25 cm	4,6 cm	2,3 cm	1,65 cm	1,25 cm	0,9 cm
Forsythie	1,2 m	3,75 cm	2,75 cm	1,38 cm	1 cm	0,75 cm	0,55 cm
Mähwiese	1 m	31 mm	23 mm	12 mm	8 mm	6 mm	4,5 mm
Menschen							
Mann	1800 mm	56 mm	41 mm	21 mm	15 mm	11 mm	8 mm
Frau	1700 mm	53 mm	39 mm	19,5 mm	14 mm	10 mm	7,7 mm
Kind	1200 mm	37,5 mm	28 mm	14 mm	10 mm	7,5 mm	5,5 mm

Normen Europäischer Modellbahnen

Umgrenzung des lichten Raumes
bei gerader Gleisführung

NEM 102

Verbindliche Norm | Maße in mm | Ausgabe 1979

Diese Norm bestimmt bei Nachbildung von Regel- und Breitspurbahnen [1]) das Umgrenzungsprofil, in das kein fester Gegenstand hineinragen darf [2]), um ein berührungsfreies Verkehren von Fahrzeugen nach NEM 301 zu gewährleisten.

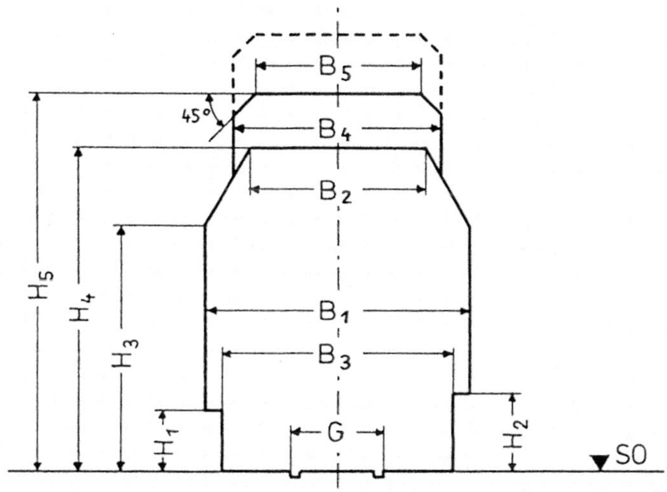

Maßtabelle

Nenngröße	G	B_1	B_2	B_3	H_1	H_2 3)	H_3	H_4	bei Fahrleitungsbetrieb 4)		
									B_4	B_5	H_5 5)
Z	6,5	20	14	18	4	6	18	24	16	13	27
N	9,0	27	18	25	6	8	25	33	22	18	37
TT	12,0	36	24	32	8	10	33	43	28	22	48
H0	16,5	48	32	42	11	14	45	59	38	30	65
S	22,5	66	44	57	15	19	60	78	50	38	87
0	32,0	91	63	82	21	27	85	109	68	52	120
I	45,0	130	87	114	30	38	118	150	93	71	165

Anmerkungen

1) Für Breitspurfahrzeuge wird nach NEM 010 die Regelspurweite G zugrundegelegt.

2) Funktionselemente und Seitenschienen für Stromspeisung dürfen in den unteren Teil hineinragen.

3) Nur für Güterrampengleise.

4) Bezüglich Fahrleitungsbetrieb siehe NEM 201 und 202.

5) Das Maß H_5 gibt die Begrenzung des lichten Raumes bei tiefster Fahrdrahtlage an. Der Fahrdraht und seine Halterung dürfen in den oberen Teil hineinragen.

Normen Europäischer Modellbahnen **Umgrenzung des lichten Raumes** **bei Gleisführung im Bogen**	**NEM** **103** Seite 1/2

Verbindliche Norm **Maße in mm** **Ausgabe 1985**

Im Bereich von Gleisbögen ist die Umgrenzung des lichten Raumes nach NEM 102 außer dem Bereich des Stromabnehmers zur Bogen-Außenseite und Bogen-Innenseite hin jeweils um das Maß E in Abhängigkeit vom Bogenradius und dem zu verwendenden rollenden Material zu erweitern.

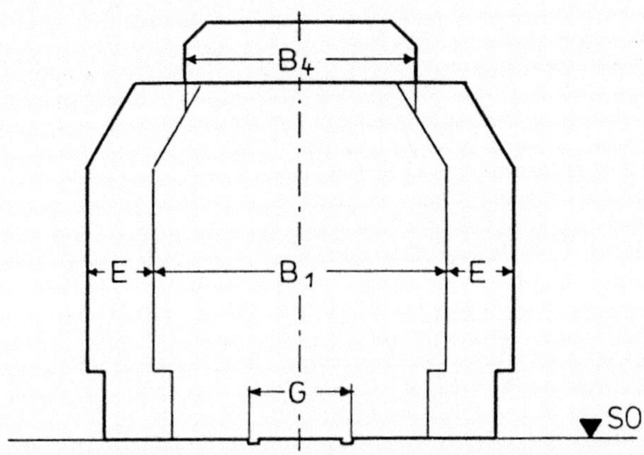

Für die Erweiterung ist der seitliche Ausschlag der Fahrzeuge bestimmend. Den größten seitlichen Ausschlag weisen Drehgestellwagen zur Bogen-Innenseite hin auf. Die Länge des jeweils eingesetzten Drehgestellwagens ist somit ausschlaggebend für die Größe des Maßes E.

Die Drehgestellwagen werden zu diesem Zweck in drei Gruppen unterteilt:

Wagengruppe A
mit bis zu 20,0 m Kastenlänge und 14,0 m Drehzapfenabstand,

Wagengruppe B
mit bis zu 24,2 m Kastenlänge und 17,2 m Drehzapfenabstand,

Wagengruppe C
mit bis zu 27,2 m Kastenlänge und 19,5 m Drehzapfenabstand.

Anmerkung:

Verkürzte Modelle der Wagengruppe C (z.B. bei Nenngröße H0 im Längenmaßstab 1:100) sind ggf. der Wagengruppe B zuzuordnen.

Die **Grenzmaße für die Wagenkastenlänge** entsprechen folgenden **Modellmaßen:**

Nenngröße →	Z	N	TT	H0	S	0	I
Wagengruppe A	91	125	167	230	313	460	625
Wagengruppe B	110	151	202	278	378	556	756
Wagengruppe C	124	170	227	313	425	625	850

Die Maße für die Erweiterung E sind der Tabelle auf Seite 2 zu entnehmen. Der Wert für die Wagengruppe A soll nach Möglichkeit nicht unterschritten werden, auch wenn keine Drehgestellfahrzeuge vorhanden sind.

Maße in mm

Maßtabelle für E

Nenngröße →	Z			N			TT			H0			S			0			I		
Radius des Gleisbogens	Wagengruppen																				
	A	B	C	A	B	C	A	B	C	A	B	C	A	B	C	A	B	C	A	B	C
175	2	3	5	4	/	/	/	/	/	/	/	/	/	/	/	/	/	/	/	/	/
200	2	3	4	4	6	/	/	/	/	/	/	/	/	/	/	/	/	/	/	/	/
225	2	2	4	3	5	7	/	/	/	/	/	/	/	/	/	/	/	/	/	/	/
250	1	2	3	3	5	6	6	/	/	/	/	/	/	/	/	/	/	/	/	/	/
275	1	2	3	3	4	6	5	8	/	/	/	/	/	/	/	/	/	/	/	/	/
300	1	2	3	2	4	5	5	7	10	/	/	/	/	/	/	/	/	/	/	/	/
325	1	1	2	2	3	5	4	6	9	9	/	/	/	/	/	/	/	/	/	/	/
350	1	1	2	2	3	4	4	6	8	8	12	/	/	/	/	/	/	/	/	/	/
400	0	1	2	1	2	4	3	5	7	7	11	14	/	/	/	/	/	/	/	/	/
450	0	1	1	1	2	3	3	4	6	6	9	12	12	/	/	/	/	/	/	/	/
500	0	0	1	1	1	3	2	4	5	5	8	11	10	16	/	/	/	/	/	/	/
550	0	0	1	0	1	2	2	3	4	4	7	10	9	14	19	/	/	/	/	/	/
600	0	0	1	0	1	2	1	3	4	4	6	9	8	13	17	19	/	/	/	/	/
700	0	0	0	0	0	2	1	2	3	3	5	7	7	11	15	16	25	/	/	/	/
800	0	0	0	0	0	1	0	2	3	3	4	6	6	9	13	14	22	29	/	/	/
900	0	0	0	0	0	1	0	1	2	2	3	5	5	8	11	12	19	25	23	/	/
1000	0	0	0	0	0	0	0	1	2	2	3	4	4	7	9	10	17	22	20	31	/
1200	0	0	0	0	0	0	0	0	1	1	2	3	3	5	7	8	14	18	16	25	34
1400	0	0	0	0	0	0	0	0	1	1	2	2	2	4	6	7	11	15	13	21	28
1600	0	0	0	0	0	0	0	0	1	0	1	2	2	3	5	6	9	13	11	18	24
1800	0	0	0	0	0	0	0	0	0	0	1	1	1	2	4	5	8	11	9	15	21
2000	0	0	0	0	0	0	0	0	0	0	0	1	1	2	3	4	7	9	7	13	18
2500	0	0	0	0	0	0	0	0	0	0	0	0	0	1	2	3	5	7	5	10	13
3000	0	0	0	0	0	0	0	0	0	0	0	0	0	1	1	2	3	5	3	7	10

In der Übergangszone zum Gleisbogen ist die Erweiterung der Umgrenzung des lichten Raumes der Skizze entsprechend vorzusehen.

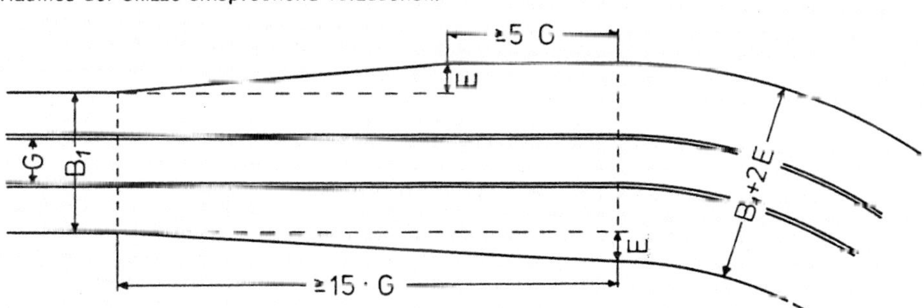

Anmerkung

Gleisabstände im Bogen sind nach NEM 112 zu bemessen.

Normen Europäischer Modellbahnen **Profillehre für Nenngröße H0**	**Beiblatt 1 zu NEM 102 / 103**

Ausgabe 1984

1. Zweck

Mit Hilfe einer Profillehre läßt sich die Einhaltung des lichten Raumes sowohl in der Geraden als auch im Gleisbogen überprüfen.

2. Form und Ausführung der Lehre

Die Profillehre besteht aus zwei seitlich gegeneinander verschiebbaren Scheiben, die dem Umgrenzungsprofil nach NEM 102 ohne den Raum für Fahrleitungsbetrieb entsprechen. Sie werden durch eine Rändelschraube zusammengehalten.

Die eine der beiden Scheiben besitzt zwei Zapfen zur Arretierung auf dem Gleis. An der oberen Abschrägung ist in Form zweier Kerben das Maß B_4 für Fahrleitungsbetrieb markiert.

Die zweite verschiebbare Scheibe enthält an beiden Außenseiten eine Skala zum Ablesen des Wertes E nach NEM 103.

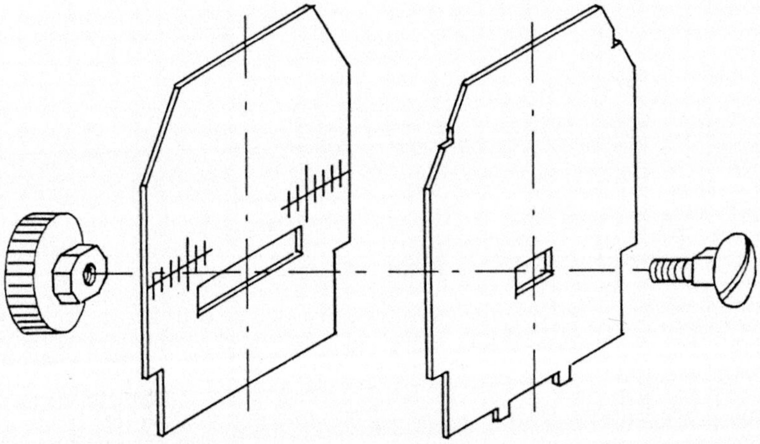

Der Profillehre wird vom Hersteller eine Gebrauchsanleitung beigegeben, aus der die wichtigsten Daten nach NEM 102/103 ersichtlich sind.

Die Lehre wird von der Firma

Sommerfeldt
Friedhofstraße 42
D-7321 Hattenhofen

hergestellt und kann unter der Bestell-Nummer 100 über den Modellbahn-Fachhandel bezogen werden.

Normen Europäischer Modellbahnen **Umgrenzung des lichten Raumes bei Schmalspurbahnen**	**NEM 104**

Empfehlung — **Maße in mm** — Ausgabe 1980

Diese Norm bestimmt bei Nachbildung von Schmalspurbahnen mit Spurweiten zwischen 650 und 1250 mm[1] das Umgrenzungsprofil, in das kein fester Gegenstand hineinragen darf, um ein berührungsfreies Verkehren der Fahrzeuge zu gewährleisten.

Bei elektrischen Bahnen mit Oberleitungsbetrieb ist das Lichtraumprofil entsprechend den Erfordernissen zu erweitern.

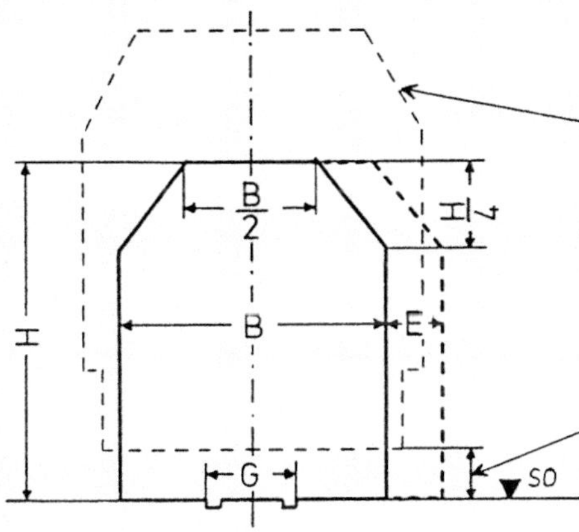

Maßtabellen

Nenngröße	Spurweite	H	B
Nm	6,5	26	22
TTm	9,0	34	28
H0m	12,0	48	38
Sm	16,5	64	52
0m	22,5	90	74
Im	32,0	126	104
II m	45,0	178	146

Nenngröße	Spurweite	H	B
TTe	6,5	33	26
H0e	9,0	46	36
Se	12,0	60	50
0e	16,5	86	70
Ie	22,5	120	98
II e	32,0	170	138

Die Breitenmaße des Lichtraumprofils gelten nur für gerade Gleisführung.

Im Bereich von Gleisbögen ist das Lichtraumprofil zur Bogen-Außenseite und Bogen-Innenseite hin in Abhängigkeit vom Bogenradius und dem verwendeten rollenden Material jeweils um das Maß E zu erweitern.

Das Maß E kann durch Versuche ermittelt oder durch folgende Formel errechnet werden:

$$E = R - \sqrt{R^2 - \left(\frac{A}{2}\right)^2}$$

Es bedeuten:
E = Erweiterung des Lichtraumprofils
R = Radius des Gleisbogens
A = fester Radstand bzw. Drehzapfenabstand des längsten Fahrzeuges

Anmerkung

1) Siehe NEM 010, Zusatzzeichen „m" und „e".

WEITERE INTERESSANTE BÜCHER ZUM THEMA

Dieses Lexikon sollte in keiner Werkstatt fehlen, denn in über 1.300 Stichwörtern und knapp 250 Bildern stecken jede Menge Know-how über das Vorbild und seine Nachbildung auf der Modelleisenbahnanlage sowie Fachwissen rund um den Selbstbau von Anlage, Fahrzeugen und Elektronik.
256 Seiten, 250 Abb., 170x240 mm
ISBN 978-3-613-71697-1
€ 19,95 | € (A) 20,60

Jeder Teil einer Modellbahn sollte mit liebevollen Details ausgestattet werden, um eine perfekte Nachbildung der Wirklichkeit darzustellen. Heizdampf im Bahnhof, Prellböcke, einen künstlichen Hintergrund für Signale oder auch die Gestaltung von Nebengleisen - wie es geht, steht in diesem Ratgeber.
160 Seiten, 144 Abb., 170x240 mm
ISBN 978-3-613-71734-3
€ 39,90 | € (A) 41,10

Die meisten Anlagen bestehen in der Regel aus Hauptbahnen mit hohen Geschwindigkeiten, großen Zugmassen und dichten Zugfolgen. Der Bau einer Nebenbahn eignet sich eigentlich viel besser für eine Modellbahnanlage. Grundlagen und praktische Anleitungen zur Planung und zum Bau finden sich hier.
144 Seiten, 208 Abb., 170x240 mm
ISBN 978-3-613-71711-4
€ 39,90 | € (A) 41,10

Mit Abfällen oder Alltagsmaterialien entsteht vieles, was es links und rechts der Gleise zu entdecken gibt. Dieses Buch zeigt, wie man all das am Feierabend nachbaut. Dieser Ratgeber spart bares Geld und bietet zu allem Überfluss jede Menge Bastelspaß.
124 Seiten, 115 Abb., 170x240 mm
ISBN 978-3-613-71769-5
€ 39,90 | € (A) 41,10

Leseproben zu allen Titeln auf unserer Internetseite

Stand Juni 2025
Änderungen in Preis und Lieferfähigkeit vorbehalten.

Überall, wo es Bücher gibt, oder unter
WWW.MOTORBUCH-VERSAND.DE
Service-Hotline: 0711 / 78 99 21 51

trans press

www.facebook.com/MotorbuchVerlag